U0943251

读书 ‖ 明理

明理文丛

零污染之路

刘生荣 著

清華大學出版社
北 京

版权所有，侵权必究。侵权举报电话：010-62782989　13701121933

图书在版编目(CIP)数据

零污染之路/刘生荣著. —北京：清华大学出版社，2017
(明理文丛)
ISBN 978-7-302-48475-2

Ⅰ. ①零…　Ⅱ. ①刘…　Ⅲ. ①污染防治　Ⅳ. ①X5

中国版本图书馆 CIP 数据核字(2017)第 225678 号

责任编辑：朱玉霞
封面设计：汉风唐韵
责任校对：王荣静
责任印制：杨　艳

出版发行：清华大学出版社
网　　址：http://www.tup.com.cn，http://www.wqbook.com
地　　址：北京清华大学学研大厦 A 座　　邮　　编：100084
社 总 机：010-62770175　　邮　　购：010-62786544
投稿与读者服务：010-62776969，c-service@tup.tsinghua.edu.cn
质量反馈：010-62772015，zhiliang@tup.tsinghua.edu.cn
印 装 者：三河市君旺印务有限公司
经　　销：全国新华书店
开　　本：170mm×230mm　　印　张：19.25　　字　　数：215 千字
版　　次：2017 年 10 月第 1 版　　印　　次：2017 年 10 月第 1 次印刷
定　　价：79.00 元

产品编号：074346-01

污染没有国界，污染不分族类

零污染是符合人类共同利益的理念

全世界每个国家，每个民族，每个家庭与个人

都有义务消除污染，分担零污染的责任

序 言

十分感谢刘生荣博士，将他珍贵的书稿《零污染之路》亲手交予我。坦率地讲，起初我对这部20余万字的著作并没有足够重视。我所不解的是，一个卓有成就的法学专家，为什么要涉及完全陌生的领域呢？这似乎犯了学界“大忌”。如同普罗米修斯一样，怀着神圣的理想和目标，结果却事与愿违。

当我捧起这部沉甸甸的书稿一页页看下去，还是情不自禁地被这部著作所深深吸引，读了一遍，又是一遍。那里面浸透着作者的赤诚之心和独到探索，让我仿佛有一种如沐春风、拨云见日的感觉。

本人曾经长期在煤炭企业的各个层面工

作、生活过。可以说，传统意义上的煤炭行业以及它众多的员工、家眷，既是环境问题的制造者，也是首先的受害者。地球温室效应，二氧化碳、二氧化硫以及各种粉尘和有害气体扩散，以及与它们密切相关的各种疾病，哪个能和煤炭这种“化石能源”脱了干系？它的里面是多少因此致残和消失的生命！这让从事这个行业的人们痛心不已。它在不断拷问着人们的道德和良知。因此，环境问题，已经不单纯是某个领域里的事情，解决这个问题也绝非一群人力所能及。它涉及历史文化，伦理道德，跨越国度、种族，宗教信仰等。诚如刘博士所言：全世界每个国家、每个民族、每个家庭与个人，都有义务消除污染，分担零污染的责任！既然这样，就让我们每个人从现在做起。为了一口新鲜的空气，为了一滴纯洁的水，为了一捧芬芳的泥土，为了一顿放心的饭菜，为了所有老人的健康，为了兄弟姐妹的幸福，为了子孙后代的安宁，为了这颗蓝色的星球永不毁灭，赶紧行动起来。否则，我们这些主宰地球的人类，势必有一天，被我们所创造的“文明”所毁灭。以上所言，是我对这部书稿读后的感悟，也是刘博士贯穿始终的理念，这是最重要的。

零污染之路虽然漫长，但它毕竟是人类走向未来的必选之路。如是说，刘博士的这本书，意义在于否定了任何犹豫不决，会有越来越多的人认知他的观点和理念，坚定不移向前走下去。从这个意义上讲，它是号角和旗帜，起着积极的引领人类未来的作用。从刘博士的这本书里，人们或许会找到一把开启未来之门的钥匙，人类与地球环境的和谐之门将被打开；人们也或许会找到一面镜子，回照和检讨人类的文明发展观和道德观。

中国古代著名史学家司马迁曰：“天下熙熙皆为利来，天下攘攘皆为利往。”纵观人类社会的历史，其实是一部追求和争夺利益的历史，从远古为生存空间的部落纷争，到古代、近代争夺地盘、人口、财富和统治权的民族或国家战乱，到现代为利益、信仰、政治理念的战争或者博弈。无一不是起源于人际间、阶层团体间、民族种族或者国家间的利益冲突。也就是说，迄今为止，人类社会还没有找到一个利益共同点。而刘生荣博士本书的最大价值就是发现了零污染这一人类的利益共同点。由于这一共同利益关系到人类未来的生存、幸福和地球生态环境的安全，因此也是高于和压倒任何国家、民族种族和社会团体利益的。在这一人类共同利益面前，其他任何人类社会的利益与冲突都显得微不足道了。

刘生荣博士本书的另一个重要价值就是比较翔实地论证了人类社会实现零污染目标的可行性。虽然这对于一个法学博士来说，是勉为其难了，但他的论述至少说服了我。通过我对本书的阅读和理解，我认识到了零污染已经不是一个“空想”，而是人类社会在科学技术和经济条件下可以达到的“理想”。虽然从理想的产生到实现，会有好长的路要走，人类可能由此会经历种种磨难和曲折，但诚如刘博士在书中所说：只要问题提出来了，就有解决的希望。可能在专业人士眼睛里，他的分析是粗线条或框架性的，也许缺乏精准的专业性。但是平心而论，我们不能苛求区区一本书对每个环保和污染问题都有精道的研究，这本书所提出的任何一个问题和观点，都能作为一门专业学科，值得有心之人为此倾注一生的精力和智慧。

诚然，以我的知识和阅历，也不可能对刘博士著作里的命题和所解决的问题作出权威性评价。我更注重的是这本书里贯穿始终的环保理念，理直气壮提出零污染的奋斗口号，甚至列出一百年的时间表来彻底解决全球环境污染问题，表明了他的远见卓识。而在时空观念上，这段既不算长也不算短的时间，又正好契合了中华民族伟大复兴和“两个一百年”的宏伟愿景。

刘生荣博士是我少年时的学长和朋友。他曾在农村担任生产队长、当过中学英语教员、大学法律系讲师，在最高人民检察院担任中层领导职务、研究员，退休后又一直从事法律服务工作，具有丰富的人生阅历、工作经验和知识积累。刘生荣是北京大学首届刑法学博士，刑事法律是规范全社会乃至所有行业秩序的最后一道防线，因此具有独特的，俯瞰社会全方位的视野。刘博士在刑法学专业已是颇有建树，除了有近3位数的著述，还因此享受了国务院特殊津贴，中宣部“五个一工程奖”。这些都为他撰写本书奠定了坚实的基础。平心而论，我甚至觉得，提出零污染这样一个划时代的理念，并敢于和能够对此进行跨越多种学科、专业论证的，非他莫属。我反而不敢想象某个或者某类学科、专业的专家、学者会有如此作为。上述评价也许失之偏爱，因为作为同时代的过来人，我们有惺惺相惜的感情。他把这部初稿交给我，也是一种深厚的友情和信任。我完全理解他写这部书的初衷，这就是“写一本老百姓都能看的书，研究一点别人没有研究的问题”。纯朴的心志，重大的命题。

我衷心祝愿他成功！

温治学*

2017年2月1日

---

* 资深煤炭专家，作家，曾任中国煤矿作家协会副主席，长期在中国神华能源集团中层担任主要领导职务。

前 言

写一本老百姓都能看的书，研究一点别人没有研究的问题

2000 年我在美国纽约大学（NYU）做访问学者，一天与朋友侃侃而谈我的研究时，她突然问我："你们写的书有多少是给老百姓看的?" 我愕然了，之后这句话一直萦绕我的心头。

2011 年，我萌生了写一本零污染通俗读物的想法，经过数月努力，基本理清了零污染的观念、必要性以及与人类共同利益一致性等问题，但被可行性问题挡住了。于是不得不搁笔，恶补相关的环境保护学、能源学、化学、物理学、经济学以及国际政治、宗教文化等方面知识。所谓现学现卖，带着问题研究。经过五年的跋涉，现在终于“丑媳妇见公婆了”。老子曰“自知者明也”，我深知自己在环境科学和本书所涉及的大部分学科领域还是一个“门外汉”。所研究的诸多方面尚缺乏严谨和科学的论证，因此只希望本书能起到“抛砖引玉”的作用。

怀着“写给老百姓看”的初衷，我坚持深入浅出，大众化文字，力求通过本书的表述使零污染的观念得到更广泛的共识。过着退休生活的我，虽然已经没有什么功利心了，但总想着在有生之年为自己的民族、为全世界的人类做点什么，总想着把自己多年来积累的思想、经验以及对世界的感悟留存于世，于是产生了“研究一点别人没有研究的问题”的想法。本书从行文到研究的内容，是对我上述初衷和想法的践行。

本书提出零污染的概念和百年社会工程，是基于污染的现状、与人类利益的一致性、零污染的可行性和进程几个方面的研究。包括八个方面的内容：零污染的提起；污染的历史与现状；温室气体零排放的可行性；化学物质零污染的可行性；物理污染零危害的可行性；人类推进零污染的经济能力；人类推进零污染的政治环境；实现零污染的路线图。

本书试图解决的主要问题有：

（一）零污染观。面对人类将陷于灭顶之灾的污染，以及人类未来美好生活的需求，提出了零污染的解决方案具有必要性。零污染不仅符合人类社会的共同利益，也与地球生态平衡的需求相一致。零污染观的建立意味着对人类有史以来形成的文明发展观的检讨和否定。零污染观能否被人类社会广泛接受，最重要的是让人们认识到其可行性：包括科学技术水平可否达到，人类经济能力能否承受，所付出的代价人们能否接受，以及人类社会的政治、宗教文化等条件是否许可等。

（二）温室气体零排放具有可行性。化石能源作为燃料使用不仅造就地球温室效应，同时也是对其经济价值巨大浪费。温室气体零排放实现主要是通过发展替代能源发电、全面电动化、大力发展氢能等措施，从根本上杜绝温室气体的排放。石墨烯材料的出现将有助于推进“零排放”和诸多科学领域。

发展氢能的关键是制氢，本书提出了几种制氢的新设想：(1) 利用风能、太阳能发电制氢，偏远小水电制氢，既能解决上述发电不稳定和远程输电对电网的影响，又可得到相当数量的廉价氢能。(2) 水电站泄洪制氢，把全世界水电站的泄洪都改造成发电制氢，将是一个巨大的能源宝库。(3) 核电余热制氢，特别是核聚变发电，将有大量余热处理，用来制氢，基数相当庞大。

（三）化学物质零污染的进程，意味着人类生产、生活各个领域的全新革命，将集人类科学技术之大成。本书基于现代科学技术和未来发展趋势，提出如下解决设想：(1) 工业生产园区化，三废不出园区，园区产品逐步达到无污染；(2) 农牧业生产工厂化，从蔬菜、养殖逐步发展到粮食生产的工厂化，可望杜绝食品污染，大量节约淡水、化肥和农药，缩减农牧业用地；(3) 医学与生命科学革命，发展使人不得病的医学，化学药品退出医疗，开创细胞疗法、基因疗法、分子机器人手术、克隆技术等前沿科学；(4) 人类生活环境，以及原料产业革命；(5) 借助农牧业生产工厂化节约的大量土地，可用来规划人类生活园区、无人自然生态区和中间区，进行生态再平衡规划，修复地球生态环境，使其达到或接近史前状态。

（四）鉴于物理污染具有直接损害的特点，人类对于物理污染的应对措施是隔离、防护、躲避以及在可能情况下的替代、禁止与限制。电磁辐射可能是人类尚未了解的严重物理污染，人类应有所警惕，制定相应的预案。

（五）零污染进程虽然耗资巨大，人类社会现有的综合经济能力经过优化组合，合理使用，可以满足其需求。政府、非政府组织和国际社会几方面应形成合力，扶持、推进零污染经济的商业化运作，使其成为市场经济的主体，有能力自我复制和发展。零污染经济与互联网经济具有很强的互补性，应形成良性互动。

（六）零污染应为世界各国的共同责任和义务。世界不同政治体制本身并不产生零污染的阻碍因素，不同政治体制国家之间的良好合作与必要的妥协，是零污染进程的促进条件。应创造环境友好的国际政治秩序，减少政治、军事冲突。

（七）零污染世纪工程，应包括准备与初始期、成长期和完成期三个阶段，预计将耗时 100 年，建成现代化生活与优美、无污染的人类家园。

污染没有国界，污染不分族类，零污染符合全人类的共同利益，实现零污染百年进程，需要全人类共同参与。不论种族和民族，也不论贫穷还是富裕，全世界的每个人，都要承担起保护人类生存环境的义务；不论是大国还是小国，不论是政府还是非政府机构，全世界的所有组织或机构，都要对实现零污染负起责任。

零污染的百年进程的实现，使困扰人类社会的污染成为历史，标志着人类战胜了自我，走向成熟和完美。人类摆脱了污染羁绊后，将厚积薄发，更加理性对待发展和环境的关系，与大自然和睦相处，在驾驭高度发达科学技术的同时，倍加呵护地球生态环境。人类将因“零污染”团结起来，彼此和谐相处，共同建设美好家园，永远摆脱贫困，消除战争因素，不受疾病困扰，过上安定和谐富裕的生活。

本书所涉及的零污染以及相关的问题，目前还是一个较新的，别人没有涉及或者没有深入研究的领域，作者力图对此进行诠释。虽然由于本人学力不逮，或者现代科学技术尚有盲区，使所主张的理由不充分，所研究的内容不深入，在许多方面还只是提出了问题，研究也仅“点到为止”。但我深信只要问题提出来，就有解决的希望。人类历史上也曾有许多重大的科学技术难题，有的甚至是猜想，不乏经过几代人努力得以解决的事例。就我的研究而言，相比问题的解决，我更希望本书是一个开端，一个引起国际国内社会普遍关注的热点，一个吸引更多专家学者投身研究的课题。

刘生荣

2016 年 12 月 26 日于北京

目 录

第一章
零污染的曙光

大约距今100亿年前，当宇宙大爆炸的尘埃落定，一颗蓝色的星球在太阳系显现出来，像一颗蓝色的宝石，在浩瀚的宇宙中与众多的星球不同。然而更加与众不同的是，在她美丽的蓝色中孕育着生命，孕育了人类。人类在地球母亲的呵护下，完成了从动物到上帝的转变。[①] 但在100多亿年后的今天，地球母亲却承受着人类亲手种植恶果的煎熬，这个恶果就是“污染”。

一、“世界末日”

每当人们翻阅报纸、听看新闻，总会被各种环境恶化信息所冲击。

---

① ［以色列］尤瓦尔·赫拉利著：《人类简史：从动物到上帝》，林俊宏译，北京，中信出版社，2016。

人类衣食住行，无时不受污染所威胁。不论社交场合，还是茶余饭后，环境问题总被作为一个热议话题。人类在享受现代生活的同时，却被日益恶化的环境所困扰：大气污染、土地污染、水污染、食品污染、辐射、噪声……污染似乎无处不在，无孔不入。现代通信、交通使世界变小了，互联网、城市化使生活更现代化，然而人类却猛然发现地球村却越来越不适合生活。于是有人提出“世界末日”将至的预言。宗教中的“世界末日”之说，原本是出于对“末日审判”的解读，之后被世人理解为世界毁灭的前夕，于是许多人类历史上的重大灾难，都被认为是世界末日到来之前奏。例如公元 14—16 世纪欧洲蔓延的“黑死病”，这种在现代社会被认为是鼠疫的传染病，比艾滋病、埃博拉的防治要容易得多，但在当时却造成 7500 万人的死亡（有人认为是 2 亿），致使欧洲人口减少一半以上。当时的人们就把黑死病看成是世界末日到来的先兆，有人甚至在《圣经》中找到了依据。[①] 黑死病因而也导致了其后基督教的宗教改革和欧洲的文艺复兴。

1. 污染的“魔咒”

由于对污染的感同身受，“世界末日”观念已被现代社会的人们普遍接受，成了未来社会工业化发展终极归宿不可摆脱的“魔咒”。环境恶化已经成为现代社会人类的共识，不论生活在城市还是乡村，不论富裕还是贫穷，每个人都从自己或长或短的经历中得到了肯定的结论。从国家政要到普通百姓，从工商大亨到农民工友，从学术泰斗到学龄孩

① 《圣经》记载，在耶稣第二次降临的时候，必然伴随着干旱、灾荒和瘟疫。

童，甚至是身处反恐前线的美国大兵与塔利班枪手、联军轰炸机飞行员[①]与 ISIS 行刑者之间，都有可能在环境问题上找到共同语言。

环境恶化导致地球生物链损害，物种灭绝，就连人类生活须臾不能离开的阳光、空气、淡水也成为紧缺资源，成为富裕国家和有钱人的“奢侈品”。而落后国家贫困人口，却在越趋恶化环境中挣扎，他们主要承受大自然惩罚人类的后果：灾害、饥荒、疾病。中国天气网题为《非洲饥荒不断，谁下的魔咒?》报道：非洲之角有 1000 余万人忍受饥荒，包括其中 200 万儿童。非洲干旱的一个重要原因是大规模森林砍伐。例如肯尼亚 1995 年森林面积近 130 万平方千米，到 2011 年仅剩 2%。网易新闻称，在非洲撒哈拉以南地区，每年约有 6500 人死于艾滋病。非洲艾滋病患者和艾滋病病毒携带者占全球艾滋病人口 70%以上。世界卫生组织报告，截至 2014 年 10 月下旬，西非三国埃博拉出血热病例 10114 例，包括 4912 例死亡。由于争夺资源和生存环境引发的战争、犯罪，几乎与人类文明同行，造成严重战争污染。以发生在 20 世纪前半叶的两次世界大战为例，不仅造成了超过 2 亿人的伤亡，巨额财产损失，世界经济的大萧条；也造成了亚洲、欧洲、北非主要城市、大片乡村毁灭，成为污染的焦土。战争期间，军舰、运输船只损失达数千万吨之多，造成海洋严重污染。由此可见，当今世界的污染，并不比黑死病造成的后果逊色。

人类文明进步，工业化兴起，并没有带来环境福音，而是雪上加霜，

① 2015 年 2 月 3 日，因轰炸 ISIS 被击落被俘的约旦飞行员阿兹·卡萨斯被处以火刑，引起世界震惊。

导致地球生态环境进一步恶化，地球环境将面临被彻底破坏的厄运。中国城市低碳经济网认为，威胁人类生存十大环境问题是：(1) 全球气候变暖；(2) 臭氧层损耗与破坏；(3) 生物多样性减少；(4) 酸雨蔓延；(5) 森林锐减；(6) 土地荒漠化；(7) 大气污染；(8) 水污染；(9) 海洋污染；(10) 废物转移。面对如此严重的污染，人类还能撑多久？

2. 人类不甘心忍受

人类社会真走上了一条不归之路？虽然对于多数关心环境问题的人士来说并不真正认同这样结论，但出路在哪里？却莫衷一是。随着碳排放增长导致的地球臭氧层破坏，科学家作出地球变暖的预测。瑞典诺贝尔奖科学家斯万特·阿列纽斯[①]于 1896 年公布了一项研究结论：如果大气层中二氧化碳浓度加倍，地表温度将上升 5℃～6℃。这一结论与当今用大型计算机所得的结果上限相符[②]。地球变暖将引起海平面上升、物种灭绝等一系列灾难性后果。瑞典科学家克里斯蒂安·阿扎也认为，如果气温上升 1.5 摄氏度，预计全球 9%～31%的物种将灭绝。如果进而上升 3.5 摄氏度，那就有一半的地球生物灭绝！……气候变化影响之大，还可能使整个生态系统消失[③]。科学家们的研究引起了国际社会的重视，于是以减少碳排放为主要目标的节能减排提上了议事日程。

---

① Svante Arrhenius，1859—1927 年。

② ［瑞典］克里斯蒂安·阿扎：《气候挑战解决方案》，30-31 页，北京，社会科学文献出版社，2012。

③ 同上，39-40 页。

除了对大气污染重视之外，人类还采取了一系列其他环保措施，诸如污水处理、垃圾处理、粉尘处理、酸雨防治、无公害栽培、辐射防治以及濒危物种保护等，均以减少环境危害为目标，但人们所能看到的结果却仅仅是使预期中环境恶化的速度有所减缓。人们甚至都不敢想象一个没有污染的现代生活是什么样子！更不敢奢望其成为人类社会未来发展的美好理想。

源于 18 世纪的工业革命，是近现代意义上世界工业化、现代化的起点，也是近现代意义上污染的开始。延续到今天，世界发生了翻天覆地变化，人类社会逐步进入现代化生活，人类也由此付出了环境恶化的沉重代价。虽然如今人们也在不同程度反省自己的行为，进行各种努力控制污染，但充其量只是一些延缓举措，不可能从根本上消除污染。

如果说人类通过发展科学技术、通过现代工业化、信息化途径，追求现代美好生活的代价就是导致环境恶化、导致地球生物链破坏，乃至最终导致人类自身消亡，那么迄今为止，人类的科学技术进步以及思想文化理念本身就应受到质疑。

如果说现代国际、国内社会为保护环境所做的政治、经济、文化方面种种努力仅仅能达到放慢环境恶化的速度，延缓人类消亡的步伐，那么迄今为止人类社会关于治理环境的观念以及政治、经济政策本身也应该进行检讨。

二、 否极泰来之零污染

面对环境污染导致人类生活终极目标与实现方式的偏离，人类社会如果再不加以纠正和调整，就会走向万劫不复的深渊。现在是人类正视环境恶化现实，作出某种改变的时候了。在对现代科学技术、发展观进行全面质疑和反思的基础上，人类应该有一个全新、彻底的解决方案。这个方案就是作者提出的“零污染”，即通过人类社会自身努力，将现代社会所有人类活动，包括一切生产活动、生活活动可能产生的各种污染程度降为零。

1. 与绿色产品不同

“零污染”，也可称为“零排放”或“零危害”，具体应包括：现代工农业生产过程中，以及商业、服务业中污染物排放等于零；人类一切产品或者生活环境中均没有污染物存在；或者人类生活、生产的废弃物对环境均无危害。零污染概念不同于环境保护概念，因为现实社会中环境保护是基于对污染的控制，使之对人类和生态环境的损害被控制在尽可能小，或者许可范围内。例如国际社会约定的碳排放指标、各国政府规定的产品质量标准、水体和大气的质量标准等。我们不能否定，环境的保护最高标准应该是零污染，但有一点是肯定的：当前环境保护目标与零污染目标差距甚大，人们通常所说的环保产品、绿色产品与零污染产品也不是等同的概念。因为这些环保产品、绿色产品的标准是国家、政府或者行业根据产品对人体危害规定一个可以接受的程度界限，也是产品的合法通行证。而这一界限的标准在绝大多数情况下并不能达到零污染，而是人体可以接受的最大或最小或者是居中的污染程度，有国家或政府将其法律化、标准化。因此，所谓的绿色产品，或者环保产品，其实还包含着合法污染的内容，不是真正意义上的零污染产品。

或许有人认为，零污染是一个根本无法实现的目标，一个天方夜谭式的空想，或者是一个想把人类拉回石器时代的偏执。但有一点首先应该肯定的是：这一解决方案是与人类社会共同利益相一致的，不但表达了全人类共同愿景，甚至也包括了整个地球生物链的共同需求。零污染并非凭空想象，而是基于如下现实：(1) 人们从现代社会生产、生活切身经历认识到环境恶化的严重性，治理环境污染，成为人类社会共同夙愿；(2) 现代科学发展已经具备了彻底改善人类生存环境的技术条件；(3) 人类社会迄今积累的财富和经济能力也为人类改善环境的努力奠定了物质基础；(4) 人类对于改变环境恶化的共识也为此奠定了思想文化基础。

2. 一个故事的启迪

中国古代文献中有“否极泰来”的名言[①]，俗话中也有“物极必反”的警句。所指的故事就是在公元前 5 世纪的春秋战国时期的越国，即现在中国的南京附近，有一个不起眼的小国——越国被强大的吴国征服了，越国的国王勾践为了复国雪耻，自愿做吴王的奴隶，受尽屈辱，终于取得吴王的信任而释放，越王回国之后每晚都睡在柴草铺的床上，每日要尝动物的胆汁的味道（卧薪尝胆），以激励自己励精图治。越国在他的领导下很快强盛起来，一举消灭了吴国，之后越王勾践取代了吴王，成为当时的春秋五霸之一。

① 《吴越春秋·勾践入臣外传》：“时过于期，否终则泰”；《易经杂卦传》：“否泰，反其类也。”

这个故事给我们的启迪是，从工业化到现代化，污染与之相伴而行，目前也已经到了物极必反，否极泰来的边缘了，零污染解决方案的出现，正是顺应自然规律之举。然而这只是故事的一个方面，另一个方面还告诉人们的是一个道理，就是否极泰来并不是自然过渡就可以得到，而是需要人为的努力争取。越王勾践为此韬光养晦，卧薪尝胆，不但达到了雪耻复国的目的，而且还意外得到了一个大奖“春秋五霸”。以污染为例，能把污染控制在国家环保标准之内已非易事了，人类社会已经付出巨大的努力。而如果进而以零污染为标准，彻底终结污染，人类将会付出远比越王勾践还要大得多的辛苦和努力。当然人类也会像越王勾践一样，辛勤的努力会获得更大的奖赏，这个奖赏就是人类将从此摆脱污染的困扰，在和谐优美的环境中享受现代生活的幸福。

三、 一个零污染时间表

人类社会实施“零污染”解决方案是否应有一个时间目标？如果是，应以多长时间合适？对此，笔者考察了三个治理污染的案例，以此作为时间目标的参照。

1. 伦敦的烟雾治理

提起伦敦的烟雾，首先令人联想到的是英国伟大作家狄更斯 19 世纪 30 年代出版的著名小说《雾都孤儿》，这部产生于英国工业化鼎盛时期的不朽著作，描写了孤儿奥利弗的种种不幸与遭遇，同时也折射出诸多的社会问题。虽然奥利弗最后的结局是喜剧，但发生在浓浓雾都之中的故事背景，使我们联想到一百多年后发生在同样舞台上的烟雾中毒惨剧并不是孤立的，而是英国工业化以来污染积淀的总爆发。据历史资料记载，在1952年12月上旬的短短几天内，伦敦就有5000余人因烟雾中毒死亡，而在随后的两个月内，又有8000余人因此罹难。伦敦烟雾事件被列为20世纪世界十大公害之一。然而世界并不知道的是，英国在雾霾之中的工业化进程造就了日不落帝国的同时，其污染却对英国的民众进行着悄然的侵害。就在《雾都孤儿》出版后的第2个年头（1840年），大英帝国用坚船利炮轰开了中国的大门，倾销了大量的鸦片，致使19世纪末中国的鸦片成瘾者高达4000万，占当时四亿中国人口的十分之一[①]。然而当不列颠帝国东印度公司的股东们和王室的政要们为鸦片贸易的丰厚利润欣喜若狂时，他们做梦也不会想到，国王陛下至少百分之五十的臣民（城市人口）已经在吸食制造坚船利炮所产生的有毒浓雾，而且还会在此后持续1个多世纪，其对英国人危害并不输于鸦片对中国人的毒害。当1952年的污染事件猛然爆发时，王国的精英们或许才意识到，其实前辈们用以宰割世界的是一柄双刃剑。

或许伦敦烟雾事件顺应了否极泰来的规律，或许是英国在第二次世界大战后交出了世界霸主的接力棒，有闲暇坐下来认真对待雾都的“雾”了。英国之后对伦敦空气的治理还是可圈可点的。经过半个多世纪的努力，采取了经济、法律、高科技、限制人口等综合手段，使伦敦空气污染物减少93%。进入21世纪，伦敦的雾天从19世纪末每年90

---

① ［以色列］尤瓦尔·赫拉利著：《人类简史：从动物到上帝》，林俊宏译，318页，北京，中信出版社，2016。

天减少到数天的偶尔薄雾，雾都已经被蓝天白云取代。英国对污染的铁腕治理，为世界留下了宝贵的经验。

2. 日本濑户内海的变迁

日本濑户内海位于日本本岛、九州和泗国三个大岛中间有一个 2 万余平方千米的美丽的半封闭内海，即日本的濑户内海，不但是连接日本三大主岛的海上枢纽，也是传统的日本鱼仓、日本列岛最富有的海湾，近四分之一的日本人口聚居于此。第二次世界大战后，濑户内海周边很快成了日本重要工业经济圈，濑户内海也自然成了工业下水道的排污场，20 世纪 50 年代中期，濑户内海的污染已经到了万劫不复的地步，鱼虾绝迹，一年数百次赤潮，三分之一的海底成了臭泥塘。滨海的水俣镇，居民由于食用了含重金属汞的鱼虾，导致痴呆麻痹、精神失常，且会遗传后代。由此在人类疾病史上出现了以地址命名的“水俣病”。水俣镇 4 万居民，居然有 1 万人得了水俣病，因而震惊了世界。

20 世纪 70 年代，日本下大力气整治濑户内海的污染，采取了科学研究，立法禁止、司法监管的组合拳，并充分发挥中央政府、地方政府和民间非政府机构的积极性，从杜绝排污和生态恢复两个方面进行综合治理。大面积减少围海造田、建立国家公园和自然保护区。经过 30 余年努力，濑户内海基本恢复了“二战”前的生态面貌，与此同时，该地区的工业经济由于调整适当，也未因此受到重挫，出现良好的发展势头。濑户内海的治污不但是一个使海洋生物起死回生的成功案例，也为各国海洋污染的治理提供了经验。

3. 北京的APEK蓝

2014年11月5—11日，亚太经济合作组织（APEK）峰会在北京举行，为保证在会议期间良好的空气环境，中国政府采取了非常措施：北京公务员放假，北京以及周边省市汽车实行单双号限行措施，大量工矿企业停产、限产，严防死守任何焚烧秸秆的行为。搜狐网报道：为保障APEK会议期间良好的空气质量，北京市参照“奥运模式”，跟周边省份开展联防联控，并且都出台了相关的整治措施。河北省制定《亚太经合组织会议空气质量保障措施》。山东省采取工业企业停产限产治理、燃煤锅炉关停、机动车减排、城市扬尘控制、重污染天气应急等措施。APEK会议期间，北京出现了少有的蓝天白云，人们称为“APEK”蓝，其重要意义是使国人看到了治理雾霾的希望，也取得了经验。

2014年11月10日，中国国家主席习近平在APEK会议欢迎宴上讲话：“也有人说，现在北京的蓝天是APEK蓝，美好而短暂，过了这一阵就没了，我希望并相信通过不懈努力，APEK蓝能够保持下去。”“我们正在全力进行污染治理，力度之大，前所未有，我希望北京乃至全国都能够蓝天常在，青山常在，绿水常在，让孩子们都生活在良好的生态环境中，这也是中国梦中很重要的内容。”由此可见，享受短短几天“APEK”蓝并不是中国人的目的，而是一个治理雾霾的良好开端。

至此，北京的治理雾霾行为，也因此走上实实在在的行动之路。北京投入雾霾治理的资金将达到7600亿元人民币。此外我们也看到京津冀一体化进程的启动，特高压远程输电工程的建设，许多污染企业的外迁，减少京津人口负担以及产业调整政策的出台。我们还看到北京周边省市重污染企业的关停并转，植树造林以及大规模的环境治理工程。我们深信，上述举措绝不是单纯为了北京的一片蓝天白云，而是具有更为深远的意义——环境污染治理纳入了中华民族复兴的中国梦之进程。

APEK 蓝其实也是世界蓝，作为世界最大的发展中国家，拥有世界近四分之一人口的中国，目前每年消耗的煤炭 30 多亿吨，消耗的石油占世界第一。中国人均碳排放量虽然远低于发达国家的美国，但总排放量却占世界近 3 成。由此可见，中国的节能减排、环境治理，对于世界环境的影响之大。经过 30 余年的改革开放，中国走过了发达国家近 200 年的工业化道路。西方国家 200 年来所面临的环境问题，几乎也不可避免地体现于 30 余年期间。虽然困扰北京的雾霾在化学成分上已不同于伦敦烟雾，生成的原因也有差异，但从宏观上看，中国当前面临的污染问题乃是世界工业化、现代化以来污染的缩影。中国以前所未有的力度投入对污染的治理，不仅有助于实现中国梦，也是对世界环境改善的贡献。

4. 百年治污目标之确立

鉴于上述几个治理污染案例，考虑到世界经济发展不平衡性以及政治、宗教因素，考虑到与中国两个百年的民族复兴目标同步，确立一个实现零污染的百年计划是必要的。即从现在起，大约用一个世纪左右的时间，人类社会通过发展科学技术，以及政治、经济、文化方面不懈努力，追求达到“零污染”环境下后现代化生活的理想模式。

从理论上看，治理污染比形成污染有更大难度，但相比人类社会近三个世纪来逐步加剧的污染，我们用来消除的时间并不会与此等同，而是会大大缩短。这是因为现代科学技术手段会帮助我们，人类社会进入工业化以来所积累的财富和智慧会被充分利用。

为实现上述百年治污蓝图，人类社会首先应该做的就是将目前种种环境保护措施置于零污染终极目标之下，即现行环境治理之政治、经济、文化对策的制定与实施，均应以实现零污染为宗旨。

古人云："谋定而后动，知之而有得。"孙子兵法："夫未战而庙算胜者，得算多也；未战而庙算不胜者，得算少也；多算胜，少算不胜，而况于无算乎！吾以此观之，胜负见矣。"[①] 从零污染解决方案的提出到目标的真正实现，是一项全人类的宏大社会工程。人类社会应有长期思想准备和行动准备，应"谋定而后动"，"未战而庙算"。包括制定一系列长远战略规划，具体阶段性战术规划，为零污染实施做好准备。也只有充分做好了战略、战术规划，在"知之""有胜算"前提下扎实推进，才可能在零污染进程中"有所得"而"取胜"。

四、 发现了人类共同利益

1. 一把打开历史结节的钥匙

公元前 90 年，曾因仗义执言获罪于汉武帝的史学家司马迁[②]拖着腐刑[③]致残的身子，写下了一部不朽著作《史记》。在随后的 2000 余年里，《史记》为 25 史之首，成为中国历史学与文学的丰碑。司马迁在

① 《孙子兵法》始计篇。

② 司马迁，生于西汉景帝中元五年（公元前 145 年），卒年不详。

③ 也称宫刑，即古代割除生殖器的刑罚。

《史记》第 129 章“货殖列传”写道：“天下熙熙，皆为利来；天下攘攘，皆为利往。”这位史学权威，在此还用了大量的篇幅描述社会各阶层人追求金钱、利益的状况，包括国王、贵族、平民、官员、商人、将士、流氓、妓女、艺人、刀笔吏等。笔者最早对此的理解是当年司马公因为无钱为自己赎刑，才受此宫阉[①]，此君兴许是借题发泄自己的“仇富”心理。然而当深读《史记》之后，不得不为之折服，正如鲁迅先生的评价：“史家之绝唱，无韵之离骚。”笔者进而悟到了司马公撰写“货殖列传”的良苦用心，其实他是给后人留了一把打开历史结节的钥匙。好一个“熙熙攘攘，利来利往”，这不就是人类几千年历史的真正底蕴吗？

顺着司马公的视角，我们再观察人类社会的历史，就会有醍醐灌顶，豁然开朗的感受。扑朔迷离的历史事件，复杂多变的人物关系，最终在“利益”两个字面前，都变得简单化了。我们不妨翻开任何一本历史教科书，信手拈来一个历史事件，试着从“利益”的背景解释，结果总是会自圆其说的。

虽然由于时空的不同，主体的不同，利益的表现形式有所差别，例如原始人所追求的利益可能是食物、交配权以及生存的空间；帝王所追求的利益可能是统治权、领土；资本家所追求的利益可能是利润、市场；平民所追求的利益可能是工作机会、住房与福利；政治家所追求的利益可能是选票、官职；军人所追求的利益是战胜敌人，获得荣誉。但

① 根据当时汉朝的法律，可以用钱赎刑，许多官员获罪后，交付金钱得以免除刑罚。清贫的司马迁因无钱赎刑，被施以腐刑。

千差万别的人类行为，都离不开“利益”二字，只不过由于人类的社会化，有些利益也随之社会化了。例如部落的利益，城邦或领主的利益，民族的利益，国家的利益，宗教团体的利益，阶级的利益，行业的利益，国际联盟的利益等。个体的社会成员在追求社会化利益时多表现为利他的，自我牺牲的，因而受到本社会、本阶层的尊敬和褒奖，包括给予荣誉和抚恤。

本节的焦点并不是关注利益的表现形式，而在于阐明：人类的历史其实就是一部利益相争的历史。人类社会为什么几千年来一直为这种那种利益争斗不休，其实就是因为利益之间的冲突和排他性。例如在原始社会，一块水草丰盛的领地，两个部族都想进入生活，但这块领地又不足以养活两个部族的人口，或者可以勉强使两个部族达到温饱，但两个部族的首领都想独立拥有，以便使自己的部族过得更好，繁衍更多的后代，于是产生了两个部族为了争夺这块领地的战争，直到其中的一个部族把另一个部族消灭或者赶走。纵观历史，迄今为止还没有发现哪一种利益可以为全人类所共同享有，且不具排他性。

2. 人类共同利益之零污染

而现在，这种人类共同的利益终于出现了，它就是产生于污染废墟之上的“零污染”。与几千年来人类追求的形形色色的利益截然不同，它并不是由某些族群、阶层、民族或者国家独享或者排他的利益，而是符合全人类共同意愿的、不具排他性和选择性的人类共同利益。其特点也不同于历史上的任何群体利益：

其一，零污染符合人类共同意志，高于任何人类利益。由于零污染建立在根治现行的各种污染，解救全人类于“世界末日”之水火的基础上，因此符合人类的共同意志。不论人们是处在何种国度、民族、宗教、社团、阶层或家庭，都期盼早日脱离当前污染无处不在的环境，过上没有污染困扰的生活。

更没有人愿意看到因为污染而毁灭人类和地球生态环境。由于污染是关系到人类文明的存废，人类生存和延续的根本问题，因此也是人类的最大利益所在。相比这一全人类共同的生死存亡问题，人类社会中其他的局部的、国家间的、民族与宗教间的矛盾和利益冲突就显得微不足道了。试想，如果人类社会本身都无法续存下去了，人们还有心情互相争斗吗？人类同心协力，共同面对污染已经是大势所趋和历史潮流了。

其二，零污染与人类任何利益都不相冲突，享受零污染的成果不具排他性。零污染的最大特点，就是本身与人类的任何利益都不具冲突性，且具有巨大包容性。人类无论是推进零污染，还是享受零污染的成果，都不会对人类现在享受的各种利益产生排斥。人们也不会为了享受零污染的利益而产生冲突或者引发战争。零污染的包容性，将决定了零污染不会干涉和阻碍人类享有各自国家、民族、团体的利益，也不会与这些利益相互排斥。这是未来零污染进程得以顺利推进的良好条件。

其三，零污染是可以被全人类无差别的共同享有的利益。零污染是普惠众生的，一个地区或国家的污染治理了，相邻的地区或国家都可以受益。例如温室气体的零排放，地球温度得到控制，那将会使全人类都得益。再如零污染的食品或者商品，可以流通到任何地方，被任何人购买和使用。零污染的普惠性，也是未来零污染进程获得最广泛支持的基础。

由此可见，零污染作为人类社会的首个、也是唯一的共同利益，不但是人类的最高利益，也是具有强大包容性，广泛普惠性的利益。在零污染这一人类共同利益面前，人类数千年历史的利益之争就显得黯然失色了。

五、 代价与责任

事实上，人类社会从 20 世纪 70 年代以来，已经就环境改善进行着种种努力，从国际到国内社会都不乏诸多治理环境的举措。虽然这些努力并未冠之以零污染目标，但大多起到了延缓污染的作用，也不乏少数治理污染或者消除污染成功案例。如英国伦敦的烟雾治理，波罗的海与日本濑户内海两个治理海洋污染的案例，波罗的海治污是跨国合作的典范；濑户内海是日本亡羊补牢、治理海洋污染取得的明显成效。1994—2004 年间美国杜邦公司在增产 30%的基础上将气候污染物排放降低了 70%；美国通用、英国电信等公司在 20 世纪 90 年代减排 60%[①]。上述案例，虽然从整体情况看并未对全球环境恶化起到有效遏制作用，但不可否认，在局部地区、少数国家（特别是发达国家）环境有较好改善。如欧盟国家，特别是北欧国家，环境改善相对要好于其他发达国家。对此也可以看作是人类社会向零污染进军的前奏或者准备行为。人类社会为根治环境污染不仅准备了技术条件，也积累了经验和信心。

---

① 参见［瑞典］克里斯蒂安·阿扎：《气候挑战解决方案》，48 页，北京，社会科学文献出版社，2012。

1. 人类需要战胜自我

实现人类社会零污染世纪目标，不可能一帆风顺，必然会遇到各种困难和阻力。有的来自科学技术水平限制，更多是来自人类社会本身。例如，许多发达国家由于严格环保措施和高额的治理污染费用，迫使一些高污染制造业和初级产品加工业流向环保措施尚不完善的发展中国家。2010 年中国环保部公布了火电、钢铁、水泥、电解铝、煤炭、冶金、化工、石化、建材、造纸、酿造、制药、发酵、纺织、制革和采矿业 16 个行业为重污染企业。这些行业在发达国家或者是不复存在，或者在严格环保措施下存在，且规模逐步萎缩。有些发展中国家为了迅速发展经济，也忽视或者容忍了这些高污染企业存在。造成了越是落后的国家，污染越严重的现象。由此产生的现实问题是：越是贫穷落后的国家，越需要大量资金与人力去治理污染；反之，越是富裕发达的国家，治理污染相对不差钱。此外，还有许多利益集团在治理污染方面设置障碍，战争因素（包括核战争的阴影）对于污染的加剧（例如科威特战争期间油井大火[①]）与恐怖活动影响等，都属于来自人类社会自身的阻力。这就应了一句老话，“人类的最大敌人是人类自己”（Every man is his own worst enemy）。因此，人类社会世纪零污染目标实现本身，就是一个人类社会战胜自我的过程。

---

① 1991 年 1 月，伊拉克军队点燃了科威特 940 口油井中的 727 口，后经 4 个月才扑灭，耗资 21 亿美元。科威特油田大火产生的有毒烟雾覆盖了科威特，并扩散到伊朗、巴基斯坦，造成环境灾难。

2. 以退为进

可以设想，在现实生活中，如果我们不能容忍任何污染，那么社会生产与生活将无法进行，商业服务业将变得原始落后，我们甚至无法获得基本生活资料和享受现代生活。因此，可以肯定的是，虽然零污染可以成为人类共同的夙愿，但绝大多数人类是不会同意付出回归原始社会生活的代价去换取零污染目标。可见，为了不受污染而大幅降低人类生活质量，或者像苦行者那样远离现代生活，都是不现实的。可以预见，人类社会向零污染进军之始，会有付出一定代价和牺牲心理预期：即为了环境治理，可能在一定程度内降低现代生活质量，减缓工农业生产发展速度，也可能增高一些生产、生活成本。

同任何其他社会改良措施一样，人类在零污染征途上，会遇到种种困难险阻，付出代价。然而这些磨难与代价，与所推断人类灭顶之灾的“世界末日”相比较，付出还是值得的。当然，如果仅仅是以人们对于污染后果恐惧为基础而建立起零污染信念，那么这个信念也是不牢固的。因为随着治理污染进程，人们享受到一些阶段性成果同时，也会逐步淡化“世界末日”恐惧感。零污染信念的建立，还要靠人类治理污染不断取得成就的激励，以及人类对于未来零污染环境下更美好生活的向往。

零污染的解决方案，并不全是以降低人类生活质量为代价的，而是一种以退为进的转轨过程，是将人类社会从自我毁灭的误区解脱出来，重新走上良性发展轨道。在这一转轨中必然会有一个调整期，必然会逐步淘汰那些看似光鲜美好、实质有害的生产和生活方式。在零污染替代方式还不能及时接轨，或者有待进一步完善情况下，人类生活质量可能在这个调整期内会下降；由于使用零污染生产与生活资料，人类生活成本也可能会增高。如果人类把零污染作为一项百年世纪工程来实施，人类治理环境行动也会是依靠不断发展完善的科学技术循序渐进的过程，可以预期：影响人类生活质量代价会被降到最小的，或可接受的程度。气候科学家史蒂夫·施耐特预测，如果人类采取大规模减排，到 2100 年，将地球升温控制在 2 摄氏度之内，大约付出数万亿美元的成本，而这些成本将会对 2100 年人类比现在富裕 10 倍的预期推迟两年半①。由此可见，人类牺牲上述约 3%发展速度，来换取避免地球温度上升所引发的灾难，还是值得的。与小的牺牲相反，人类在几代人百年长路上，会不断地受到改善环境的泽惠。随着环境与生活质量的优化，人们会更坚定向零污染进军的信念，从而促使更多资金投入，更先进科学技术应用，造成新的良性循环。

3. 历史的眷顾

对于生活在当代社会绝大多数人来说，是不会看到百年后零污染实现的。而我们经过几代人的不懈努力，正是为追求这一目标实现。从这一角度看，我们这几代人为实现零污染目标进行奋斗，多少带有一些悲壮色彩！然而从我们这一代开始的零污染百年进程，是一个转折点，我们这一代有幸成为人类历史转折的设计者和推动者，成为推动历史车轮

① ［瑞典］克里斯蒂安·阿扎：《气候挑战解决方案》，102-103 页，北京，社会科学文献出版社，2012。

的第一代，既是历史赋予的使命，也是对人类文明的贡献，将会在人类史诗上写下灿烂一页。从这一角度看，由我们开始的几代人为实现零污染目标进行的奋斗，是值得的，是历史的眷顾，因此也是幸运的。

然而历史使命和辉煌并不意味着零污染概念一经提出，就会成为世人的共识。同任何新生事物一样，零污染从概念提出到世人认同，到成为一项公共政策，进而成为全人类身体力行的奋斗目标，乃至最终实现，是一个漫长和曲折的过程，有如人类孕育、出生和成长。可以预言，人类在向零污染进军道路上，起步会很艰难，就像母亲孕育和分娩新生婴儿所经历的艰辛、痛苦一样。之后还有一个辛勤抚养的艰难过程，随着婴儿出生和成长，母亲和家庭都会收获更大的幸福和快乐，生育痛苦和抚养艰难成为值得付出的回忆。人类对于零污染所付出的代价和收获与此相似。所不同的是母亲和家庭对于孩子生育和抚养是一代人的生活过程；而人类对于零污染目标的追求，是几代人的社会工程。前者是福泽当代，后者在很大意义上是福泽后代，当代人为零污染所付出的辛劳和财富可能得不到或者很少得到回报。因此，向零污染进军，对于当代人来说，更多的是付出与责任，而不是享受与回报。

六、 万事开头难

古今中外，每当一个新生事物的出现，都会经过曲折磨难，这似乎成了一个历史的规律。1492 年哥伦布进行改变世界历史的航行前，曾周游列国，先后去了英国、法国、意大利、葡萄牙这些航海大国，花费十几年的时间说服各国国王、权贵资助他的航行，但只收到了羞辱和嘲笑。1921 年中国共产党成立时，只有 12 个人代表，60 多名党员，而如今已经是 8000 余万成员的大党，仅参加党代会的代表就达 2000 余人。“零污染”从孕育到出生，也不例外，受这一规律的约束。虽然我们已知其符合民意，是全人类的共同利益所在，但也不可能期望它一经提出，就会山呼海应，被世人所热烈追捧。人们还需要对其有一个了解和认知的过程，还需要克服种种相关不利因素的干扰和阻挠，还需要建立和完善相应的组织和实施机构来推进。我们不妨把这些开头的困难因素归结为三难。

1. 认知难

零污染要被人们普遍认知，首先需要突破人们几千年来形成的发展观和文明观。经过几千年的努力，人类从刀耕火种发展到了农耕文明、工业文明、现代文明，从火的使用到冶炼出金属工具武器，从发明了轮子到制造现代机器设备，从娱乐的火药烟花到现代洲际核弹，从指南针磁性到现代互联网通信。而如今在人类为自己的成就和文明如痴如醉的欣赏和骄傲的时候，突然有人提出对这数千年形成发展观和文明观的质疑，结果会怎样呢？1859 年，达尔文发表了《物种起源》，用进化论挑战了上帝造人之说，至今仍有人对此质疑。当年哥伦布被欧洲的王公大臣们嘲笑的原因，也正是他那种认为大地居然是一个“球”的奇思怪想。

现代社会的人们并不是没有认识到污染，也不是不了解污染的严重性，所以要对此掩耳盗铃，其原因还是放不下对几千年来形成的发展观、文明观的偏爱，试图从中寻找到妥协的解决方案。对于与现代工业化伴生出现的污染，人们根深蒂固的观念是有工业化就必有污染，只是污染是否能为人们接受和容忍而已。通常所称的治污或者环保措施，是把污染控制在人们可接受或者可容忍范围，人们从来没有想到过会彻底根除污染。在人们观念形态中，没有污染就意味着没有工业化和现代化；没有污染就意味着回归到石器时代生活形态。

在这种思想的影响下，现代社会所能做的只是在污染和现代生活之间找到某种平衡。为此各国政府、国际社会制定出诸多旨在减少或控制污染的法律、条约，并冠之以“环境保护”名称。然而纵观迄今的国际、国内的环保努力，并没有使日益恶化的环境得到真正意义上的保护，而只是延缓其恶化程度和速度，仅此而已。而且迫于对现代化生活追求，又使人们对于环境恶化容忍度越来越高。

在上述情况下，提出一个零污染观念，不仅会冒犯人们对于现代生活的享受观，也会挑战社会发展观和文明史观。会被误解为是原始人的观念形态，或者是不切实际的空谈。

观念其实是一个很奇怪的东西，有时坚硬如铁，有时脆弱如纸。当一种观念被人们认知为普遍真理的时候，它就显示出钢筋铁骨的一面，即使有些许谬误，也会被其包裹的结结实实。此时如果有了对其的质疑声音，或者试图改变，那将会被大众群起而攻之，或者为人们不屑一顾。然而一旦观念的瑕疵被发现，或者被实践所否定，那将会瞬间变成一张手指头就可以轻易捅破的窗户纸。当 1867 年《资本论》在德国出版时，马克思发现的“剩余价值”理论为世人所知晓。此举不但给了世界被剥削压迫阶层的抗争以思想武器，也打破了此前形成的“资本神圣”的观念。尽管在随后的一个多世纪里，从来就没有停止过相关的争议，但现在就连西方世界的主流经济学界也不得不承认其在世界经济学的学术地位，也为其科学性和严谨性而叹服。相传哥伦布发现新大陆回到欧洲后，受到前所未有的欢迎。然而那些权贵们仍不欣赏他。“那不就是一次再简单不过的航行吗?”在一次宴会上权贵们说，“如果有船和水手，任何人都可以做到。”哥伦布不急于回答，他拿起了餐桌上的一枚鸡蛋，说道:“你们谁能把它立到桌上?”权贵们都试了，却做不到。哥伦布将鸡蛋的一头在桌上轻轻一磕，就立住了。“就这么简单。”他随后只说了这么一句。虽然零污染的观念也像哥伦布立鸡蛋的道理一样简单，一旦被人类所认知，打破这种观念的误区或许就会像捅破了人们眼前的窗户纸一样容易，但就目前的情况而言，要打破人类几千年来形成的发展观和文明观，还有很长的路要走，还会被误解、冷落甚至围攻，对此应有充分的思想准备。

2. 可行性的质疑

人类自古以来就有许多幻想，既表达了人类的需求，也寄托了人类的愿望。从哲学角度上看，幻想就是一种假想。如果假想不具有实现的可行性，那就是空想；如果假想具有实现的可行性，那就是理想。19世纪初，欧文、圣西门、傅立叶倡导了空想社会主义（乌托邦），马克思、恩格斯在此基础上创立了科学社会主义。使空想社会主义理论完成了科学的蜕变，至此社会主义（共产主义）由空想变成了理想。零污染理论究竟是空想还是理想，就需要以科学的眼光来审视其是否具有可行性。也只有这样，才能解除人们对于零污染能否真正实现的担心，才有可能广泛动员人们参与到零污染的进程中来。

人们对于零污染的可行性的质疑，主要来自如下几个方面：其一，人类目前使用的能源，主要来自化石能源，即煤炭、石油、天然气等，使用这些能源就必然会排放温室气体二氧化碳。目前这些能源占到发电的80%以上，交通运输工具95%以上。如果要达到二氧化碳的零排放，用什么来代替呢？其二，以重金属、有机化合物为主体的化学物质污染，已经到了无所不在的程度，从空气、水体、土壤，到工农业产品，甚至药品，在人类周围已经找不到不被污染的物品，在地球上已经少有不被污染的净土。人类还能造出零污染的产品吗？即使能造出，百姓能用得起吗？其三，以放射、噪声和电磁辐射为代表的物理污染，既是人类生产活动不可避免的，又使人类生活在煎熬和危险之中，人类能停止生产活动吗？其四，零污染意味着人类现有的生产、生活设施都要更新和改造，需要花巨大的经济代价，这些人类能承受吗？其五，人类世界至今社会矛盾复杂，政治、经济冲突激烈，宗教矛盾频发，人类能有一个和谐的环境来共同推进零污染吗？如果上述问题不能解决，零污染甚至连空想也称不上。

其实解决上述问题，正是作者撰写本书的一个主要目的。作者得出的结论是：在现代科学技术的基础上，经过人类社会几代人的努力，上述几个方面的零污染问题都是可以解决的，人类可以达到温室气体零排放、化学物质零污染、物理污染无危害的目标；人类社会虽然会为零污染付出一定代价，但具有承担零污染代价的经济能力；人类社会正面的政治力量，宗教文化力量是有能力克服现在的冲突与争端，创造实施零污染的良好环境。虽然作者在本书中可以自圆其说，但距离被世人所接纳，还只是万里长征的第一步。为此需要更为严谨、科学的论证，需要更多的有识之士共同推手。

3. 缺乏组织机构

零污染应该是人类历史上最伟大的，也是最为持久的社会改造工程。这项工程不仅需要全人类共同参与，而且需要在全世界范围内不留死角实施，因此也需要全球性的、无死角的、具有权威性的领导、协调和执行机构。而这一切目前还是近乎为零。

当今世界人类社会所面临的是一个多极的、纷繁复杂的世界。由于宗教，意识形态，政治与经济利益，种族、民族矛盾，文化冲突以及贫穷、疾病等导致的对抗与冲突，与人类科学技术进步带来的前所未有的文明与发达构成不和谐的共存。尽管在环境问题上最敌对的人群之间都会有共同语言，但并不意味着敌人之间为了环境治理能够停止杀戮、握手言和；也不意味着政治盟友之间为了环境治理会同心协力、利益共享。

由此可见，推进零污染的组织领导与协调执行工作，是人类历史上最具挑战性的，也是最为困难与复杂的工作。当今世界的各种国际组织、机构，包括联合国，如果不加改造或重组，都难以担当此任。

本章结语：面对将陷人类于灭顶之灾的污染，提出并开创零污染进程是一个可行的，也是别无选择的解决方案。零污染不仅符合人类社会共同利益，也与地球生态平衡的需求相一致。然而零污染理念建立并不是一件轻而易举的事情，不仅要克服人类观念上的惯性，还要具有切实的可行性，使人类看到希望，增强信心。零污染进程是一项几代人的世纪工程，现代人类有幸承担这一福泽后代的历史重任，标志着人类走向了成熟，战胜自我，零污染进程的实施将成为人类历史转折点。

第二章
污染的前世今生

从宏观的角度看，污染是由于人类活动产生的反自然状态。中国有句俗话：“种瓜得瓜，种豆得豆。”郎朗乾坤，原本并没有污染存在，污染之苦果其实就是人类自己种下的，人类承受污染之苦却是自己的劳动成果！作为万物之灵的人类，究竟是怎样傻到亲手种下了污染之毒树，又是怎样自吞毒果而不思悔改，也是有好长的故事要讲的。

一、 碳与氢的故事

大气中的二氧化碳从何而来，它又与植物和动物有什么关系，如何与污染牵连在一起，这一切需要从生命的起源考察，就要从碳和氢的故事开始。

1. 生命的起源

地球生命之形成可以追溯至大约100多亿年前的宇宙大爆炸，爆炸物质经过数十亿年，逐步形成了原子、分子的固定结构，诸如岩石、水和空气，出现了陆地和海洋。但此时均以无机物的形式出现，地球上没有生命，但并不寂寞，风雨雪、雷电以及流水的影响，岩石开始风化，地壳运动，出现了高山、平原、河流和湖泊。大约距今38亿年前，碳原子和氢原子在偶然的闪电或风暴中结合成新的分子，于是出现了生命起源的有机物。地球从产生第一批（或第一个）有机分子到进化成具有生命意义的植物与动物，大约又经历了30多亿年漫长时间。

植物以土地、水、空气为基本生存条件和空间，从太阳光获取能量，通过光合作用，完成生命过程。光合作用，其实就是以阳光为能源的化学反应，植物叶子有如一座化工厂，在阳光能量的驱动下，从水和二氧化碳中获取碳和氢原子，合成碳氢化合物分子，反应后剩余的氧原子，结合成为氧气。植物的根系、躯干（茎）、叶都是以碳氢化合物分子为基础的大分子有机物质构成的，包括淀粉、蛋白质、脂肪、纤维素等。

动物以植物和低等动物为食物链，并通过消化系统将食物转化为碳与氢的化合物（碳水化合物）。一部分碳水化合物被转化为骨骼、血液、肌肉、脏器、脂肪等大分子有机物，构成不同物种和类型的生命系统；另一部分碳水化合物在细胞中与氧反应（氧通过呼吸系统从大气中获得），取得供动物活动的能量，该反应生成二氧化碳和水。

由此可见，植物和动物所遵循的既是两个相反的化学反应过程，且又是互为补充的生命体系。植物光合作用排出的氧气，正是动物呼吸所需要的，而动物呼出的二氧化碳，也正是植物生长所需要的。植物为动物生长、繁衍提供了丰富的食物来源；动物又为植物的生长、延续提供了二氧化碳和营养。这种动物、植物的相互依存构成了地球亿万年的生态循环。

地球生态循环，实际上是以太阳能为动力，以碳和氢的化合、分解为内容的生命运动。植物利用太阳能把水和二氧化碳合成有机物，动物又通过分解这些有机物获得能量。这一循环在植物与动物之外，还有另一个重要的参加者——微生物。微生物是地球上与动物、植物共生的另一个生物群落，包括细菌、真菌。微生物以动、植物的躯体和动物排泄物为“食物”和依付物，实现着自己的复制和延续过程，在生态循环中的作用是将残余的有机物分解为无机物。

环境科学将地球生态循环系统中的植物、动物、微生物划分为生产者、消费者和分解者[①]。生态系统中的能量转换服从于热力学的能量守恒定律和能量传递与转化定律。例如植物吸收太阳光能后，转化为化学能贮存于植物体内；动物采食植物后，又将化学能转化为机械能或者其他形式的能量。生态系统中的能量转换以金字塔形的食物链方式，多级、单向进行，两级之间传递能量大约是十比一。地球生态系统的食物链是一个网状结构，有的多达十数层或者更多。处于金字塔最顶端消费者（包括人类），通过食物实际消费的能量只是食物链最底层生产者获取太阳能的极小部分。大部分存在于生产者的植物与各级消费者的动物

① 参见《环境保护概论》第二版，第二章第一节，北京，化学工业出版社，2007。

躯体和排泄物之中。由于微生物分解的条件限制，植物躯干与动物尸体有一大部分没有被分解或者没有被完全分解而埋藏于地下，经过亿万年，已经改变了原来的面目，形成了今天的煤炭、石油、天然气、页岩气等，即所谓的化石燃料，构成了当今人类社会使用能源的主要部分。由此可见，化石燃料其实是被地球自然生态系统储存了亿万年的太阳能。由于大量的碳氢化合物被埋藏于地下，大气中的二氧化碳达到了温室气体所需的平衡。地球数万年来的温度稳定，人类得以迅速进化，发展到当前的现代社会。

2. 美丽的红色花朵①

大气中二氧化碳的另一个来源就是火，由于雷电引发的森林、草原火灾，使被燃烧物快速氧化，分解出二氧化碳。由于大自然产生的火灾的偶然性，以及地球生态环境的自我调节作用，自然引发的火灾还不足以改变地球的二氧化碳平衡。

在地球的生态系统演进中，随着储存于地下的石化燃料的增加，大气中的二氧化碳处于不断减少状态，直到人类学会了用火，二氧化碳的排放才出现了转折。人类学会用火也可能是出于一个非常偶然的事件：即在自然引发的森林大火之后，一些人类前往捡食被烧过的动物、植物时发现了其美味，又从残存火焰的树木上找到并采集了火种，于是人类放弃了茹毛饮血的生活习惯，用火来烹制食物、取暖，进而制作陶器、冶金。人类学会了用火，是人类文明的一个转折点，火的使用使二氧化

① 美国电影《奇幻森林》（*THE JUNGLE BOOK*）对火的描述。

碳的排放开创了非自然的先河。从人类学会用火开始，大气中二氧化碳由减少转向增加。但在人类开发化石能源之前，这种增加是微乎其微、极其缓慢的。因为人类生火的材料还只限于使用地面上的植物和动物，还没有染指储存于地下的碳和氢。

之后人类发现了化石燃料，这种储存于地下的碳和氢被开发、释放。人类利用化石燃料燃烧取暖、冶炼金属、制作工具、器皿、兵器，使二氧化碳排放不断增加，逐步超过自然生态循环中排放的数量，维系地球温室效应的气体增加，地球温度开始以极慢的速度升高。随着现代社会二氧化碳排放量井喷式的增长，地球表面的温度上升的速度加快，于是地球上的冰雪开始消融，导致海水增加，海平面上升。

碳和氢就像一对欢喜冤家，当它们结合在一起的时候，就成了有机物，当它们分离的时候，就成了无机物。在地球上有机物越多，温室气体二氧化碳就越少，地球就会着凉；反之，地球有机物减少（过多的燃烧），温室气体二氧化碳就会增加，地球就会发热。二氧化碳的过量排放，被科学家称为温室气体污染，其实就是因为大量碳和氢“离婚”造成的悲剧，而酿成悲剧的元凶，就是火。这一成就了人类文明的“美丽的红色花朵”的火，不仅拆散了无数个碳和氢的家庭，导致二氧化碳漫天游荡；还引来了另外两个的姓“污染”的“家族”进入，它们就是浑身臭气的化学污染和令人不舒服的物理污染。

3. 狼来了

真正意义上的化学污染和物理污染，应该起始于人类用火冶炼与加工金属的活动。在漫长的冷兵器时代，人类用火的规模和程度仍有限，无论是二氧化碳的排放还是其他有害物质污染，仍不至于对地球生态平衡产生质的影响。直到近现代人类进入工业化时期，发明了热兵器、利用化石能源驱动机器、生产电力，以及大规模冶炼金属、开矿，化学合成，制造装备，交通、通信工具，开发地产、基础设施建设以及战争等。由于能源的需求，埋藏于地下的，生长于地上的，来源于海里的，甚至是混杂在垃圾堆里的，一切可以燃烧的碳氢化合物都被无节制的利用。二氧化碳的排放几乎与工业化的突飞猛进同步，达到了前所未有的程度。与此并行的各种有害物质污染也呈爆炸式增长：包括有机化学品污染、重金属污染、粉尘污染、辐射污染、噪声污染等。污染侵蚀了空气、土壤、山河与湖海，也充满了人类的生产、生活空间；污染还加剧了物种灭绝和变异（包括微生物变异），威胁到了人类自身的生存和繁衍。随着现代社会进入电气化、机械化、信息化与城市化，现代社会中每一个产业链都几乎与污染有关，污染至此成为人类现代生活中挥之不去的噩梦。而制造人类污染噩梦的还是把人类带入文明的这种“美丽的红色花朵”。

二、 污染与文明相遇

恩格斯在《家庭、私有制和国家的起源》一书中，引用摩尔根的分类法，将人类社会的发展分类为蒙昧时代、野蛮时代和文明时代三个阶段①。恩格斯认为：“蒙昧时代是以采集现成的天然产物为主的时期；人

① 参见《马克思恩格斯选集》，第四卷，170-175 页，北京，人民出版社，1972。

类制造品主要是用作这种采集的辅助工具。野蛮时代是学会经营畜牧业和农业的时期，是学会靠人类的活动来增加天然产物生产方法的时期。文明时代是学会对天然产物进一步加工的时期，是真正的工业和艺术产生的时期。①”延续这一分类方法，我们把19世纪末、20世纪初到现在称为现代时代。如果我们把人类社会发展的历史与污染的历史做一个简单比对，就可以看出人类社会的发展，特别是进入文明时代后，污染是怎样和人类文明“孟不离焦”。

1. 蒙昧时代

蒙昧时代大约在60万～50万年前起，到10万～5万年前，人类的祖先从哺乳动物中分化出来，此时这些最原始的人，或许应准确的称为类人猿。出于求生和获取食物的需要，手和脚有了分工，之后在平地上行走时逐步摆脱了对手的依赖，养成了直立行走的习惯，手被解放出来，标志着从类人猿向原始人的进化。

(1) 原始人逐步学会用手制造简单的石器工具，用来狩猎和采集果实和种子、搭建庇护所。大脑随之进化，开始最简单的语言交流。

(2) 原始人学会了采集火种、保留火种和用火烹饪和取暖。火也成了捕猎和抵抗野兽的武器。

(3) 原始人学会了捕鱼，发明并使用弓箭，打猎及抵御动物侵害的能力也加强了。

此时地球的一切已经从完全的自然状态有所改变。碳在人类学会用

① 参见《马克思恩格斯选集》，第四卷，23页，北京，人民出版社，1972。

火之后，开始超出自然规律的循环。受到人类砍伐、燃烧的影响，植物、动物已经不能在自然状态下生长、繁衍了。然而原始人还没有到达食物链的顶端，人类仍难以战胜一些大型的猛兽和自然灾害。但人类已经向食物链顶端攀登了。

现代历史学所说的石器时代，其实就相当于摩尔根所称的蒙昧时代。在这一时代，可以看作超自然碳排放的开端，如果一定要寻找一个碳污染的最早源头，那就是此了。

2. 野蛮时代

野蛮时代始于 10 万～5 万年前，到人类有史料记载的公元前 8～5 千年。摩尔根认为野蛮时代开始于原始人学会制作陶器。由于制作陶器，人类对火的使用又上了一层楼，进入了人类利用火来制作用品，之后进而发展到冶炼金属，先是制作铜器、青铜器（包括武器），后又炼铁，用铁制作工具和武器，但此时的武器仍为冷兵器。

人类在这一时期学会了耕作土地，驯养家畜，农牧业产品成为人类食物的主要来源。人类为了寻找耕地和牧场开始大迁徙，部落之间，民族之间战争频繁。人类为生存而展开的各种生产、战争活动，又促进了冶金、制陶、耕作、养牧等的深化，即恩格斯所说的“对天然产物进一步加工”发展。

从制陶、冶金开始，人类已经打开了化学污染的魔盒。只是当时的污染规模尚小，地球的自净能力基本可以消化。但化学污染显然已经在人类历史上开始了。此时除了化学污染的发端外，碳排放由于制陶、冶金、烹饪、取暖等的扩大而大幅度增加，虽然还不足以打破地球的碳平衡，但碳排放增长的趋势已经不可逆转了。

3. 文明时代

文明时代开始于公元前 8～5 千年，到 19 世纪末 20 世纪初。从历史学的角度看，这一时代应包括远古、古代和近代三个阶段。在中国，应该是从远古的唐禹时代到最后一个帝国（清朝）的消亡。从世界历史看，应始于古埃及、古巴比伦、古印度，到第一次世界大战前夕。恩格斯认为这是“真正的工业与艺术产生的时期”①。这一时代是一个人类由野蛮时代向现代化时代蜕变的时代，也是人类社会无论从生产、生活和科学技术方面巨大的转变时期，这种转变在某种意义上看是翻天覆地的。

(1) 在思想文化方面，人类从语言的完善，到发明文字，并有了文字记载的历史，原始的拜神主义逐步发展成宗教。人类在此经历了哲学、伦理学的发展，文化与艺术，音乐绘画到近代已经发展到近乎顶峰。

(2) 在工农业生产方面，从制陶、炼铁、农耕、灌溉逐步发展到制造人类生活、生产用品、战争武器的方方面面。特别是到了近代，热兵器、蒸汽机、内燃机以及电的发明，使工业生产突飞猛进发展。化学工业也从实验室进入工厂化生产，化学药品进入医疗，农牧业也逐步摆脱手工生产模式。

(3) 航海业的发达伴随着地理大发现，借助工业化和热兵器，殖民

① 参见《马克思恩格斯选集》，第四卷，23 页，北京，人民出版社，1972。

主义向亚非拉美洲蔓延，人类社会经历了疯狂殖民掠夺和血腥奴隶贸易。18 世纪 70 年代美国独立战争，意味着殖民主义衰落。但欧洲列强为争夺殖民地、市场和工业资源，伴随着 20 世纪到来，拉开了更大的战争序幕。

这一时期污染已经发展到临界爆发边缘。大气二氧化碳平衡被逐步打破，战争污染，粉尘污染严重，出现有机化学品污染、重金属污染、物种灭绝开始加剧，人类污染类疾病增加。污染种类、渠道不断增加，污染范围从人类生活圈快速向自然界各个角落渗透。

这一时期也是人类从无污染起始逐步制造污染的时期，从现代人角度看，在近代末期污染已经达到相当严重的地步了。但悲哀的是，当时的人类并没有认识到污染的严重性。就连那些最伟大的科学家如牛顿、瓦特、诺贝尔以及跨时代的爱迪生、居里夫人、莱特兄弟等这些科学技术泰斗，也至少未在文献中表现出对污染的担忧。而居里夫人本人，则因为受到她所发现的放射物的过量辐射，得了再生性障碍贫血离世，不幸成为辐射污染的受害罹难者。可见污染在这一时期并没有被重视，更没有被人类认真思考过。

4. 现代时代

现代时代应从 19 世纪末到 20 世纪初的第一次世界大战爆发开始。两次世界大战以及停战期间调整发展期，似乎把人类社会拉入了战争工业和战争经济时代。第一次世界大战爆发之后，发生了两起对现代重大影响的事件；其一是苏联的十月革命成功，开始了马克思主义学说实践。其二是延续两千余年封建统治在中国结束，虽然之后经历了近四十年内战外乱，但中国睡狮终于醒了[①]。

在整个20世纪战争与“冷战”成为国际政治的主旋律，由此也刺激了军事工业、军备竞赛发展，特别是核武器发展，成为人类社会挥之不去的阴影。但除此之外，人类科技还是在突飞猛进发展，微电子、互联网使人类进入了信息化时代，生产走向自动化、智能化，通信、交通、物流便捷，航天、星际探索发展迅速，人类生活高度现代化，除了核武器，常规武器也发展到巅峰状态。财富创造、经济总量增长，贫穷减少，成为现代人类的骄傲。

与此同时，由于高度现代化导致污染大规模爆发。从20世纪40—50年代开始的污染灾难使人类实实在在感受到大自然的报复。从洛杉矶光化学毒害到伦敦烟雾，从马斯河谷污染到日本濑户内海水俣病爆发，世界各地敲响了污染警钟。由于污染导致气候变化，物种灭绝加剧，人类生活无处不受污染威胁，迫使人类反思自己的文明进程。治理污染提上了人类社会议事日程。清洁能源开始使用和发展，人类开始实施对污染的控制措施。污染受到局部、小规模治理。

虽然上述关于人类社会四个发展时期划分，以及对文明与污染对比还缺乏准确历史考证，但足以证明人类文明进化与环境污染程度成正比例关系。如果按照这个规律发展下去，人类文明发展到极致之时，可能就是污染将人类毁灭之日。可见，“世界末日”已不是一个消极的宗教

① 拿破仑曾经讲过：“狮子睡着了连苍蝇都敢落到它脸上叫几声。中国一旦被惊醒，世界会为之震动。”

预言。

5. 人类文明的反思

考证这一污染与人类社会文明的奇遇，其目的是促使人类社会反思自身文明发展观。虽然在短短数百年时间里，文明借助科学翅膀飞跃发展，但人类却幸福不起来，因为随之不断加重的污染又使人类生活危机重重。人类终于意识到，之前追求现代文明所付出的环境代价是人类自身所不能承受的。

人类文明发展观最大的缺憾就是忽视了文明发展与生态平衡的关系。经过亿万年进化，人类从动物界脱颖而出，从自然界一员成为自然的主宰，这是人类与大自然的力量、与动植物食物链惯性不懈斗争的结果。然而当人类正式成为大自然主人，成为世界动物、植物主宰力量之后，却并不是以主人的心态善待自然，而是利用自己主宰地位和能力无节制向大自然索取，罔顾其他动植物生存状态。因而在短短数百年时间里导致大自然生态失衡，人类自身生存环境恶化。如此恶性循环，可能会使亿万年人类进化成果毁于一旦！

相对于数亿年人类进化历程，近现代数百年只是短短一瞬间。美国哈佛大学环境学教授 M. B. 迈克尔罗伊认为，如果把地球年龄设定为一年，人类工业革命迄今 250 年时间只相当于 2 秒钟①。如果因为在这一瞬间人类贪婪和不负责任导致人类乃至整个地球生态巨大灾难或者灭绝

① 参见［美］M. B. 迈克尔罗伊：《能源——展望、挑战与机遇》，9 页，北京，科学出版社，2011。

危机，那将是人类文明的悲哀。

美丽地球不仅是人类文明的摇篮，也是人类生存唯一家园。当人类进入成年期后，突然发现这个伴随人类成长的摇篮和家园被人类自己践踏的破败不堪，而人类又没有另外家园可供选择，人类还有什么理由不去修补，而继续作践呢？是时候了，人类需要彻底检讨自己的文明观，需要用理性战胜任性，需要正视和了解所面对的污染了。鉴于绝大多数人类对于污染的认识和了解只限于自身感受，因此有必要使这种人类个体感性认识上升为人类社会理性认识。只有让更多的人全面了解现实社会中各种污染的现状与危害，才能为推进“零污染”进程奠定思想基础。

三、 地球的神秘外衣

地球有一件神秘的保暖外套，它由占大气成分不到1%的特别气体组成，分别是水蒸气、二氧化碳、甲烷、一氧化二氮等，这些气体通过吸收地球反射的中远红外线，使地球保持一种热量平衡[①]，被称为温室气体。温室气体像一件透明的外衣穿在地球身上，既使太阳光的热量不断透过到达地球，又保护着这些热量不至于散发出去，从而维护了地球的温度平衡。正常温室效应使地球温度维持在平均15摄氏度，这是维持地球生态的基本条件。如果没有这件保暖外套，地球温度将会像月球

① 李润东、可欣主编：《能源与环境概论》，15页，北京，化学工业出版社，2013。

一样，形成极大的昼夜温差[①]，降低或者升高到生物不能存活的程度。温室效应是地球孕育、维持生命的基本条件。维持地球温室效应气体总量虽然不大，但却恰到好处地维系着亿万年来的生态基础[②]。如果温室气体的总量产生了变化，就会使保暖外套的性能发生问题，影响地球温度的稳定。那么问题会出在哪里呢？

1. 外衣解密

在地球温室气体中，水蒸气约占大气 0.5%，由于水蒸气亿万年来一直是一个稳定常数，对于地球整体温室效应影响极小。地球温室效应第二大气体就是二氧化碳，约占大气总量的 0.04%。其次还有甲烷、一氧化二氮、氟利昂等微量气体。科学家们为了研究方便，把水蒸气之外的所有温室气体对于地球温室效应的影响设定为一个 100%的常量。其中二氧化碳占到 55%，其他温室气体不足 45%。人们由此认识到：大气中二氧化碳的增加或者减少，就成为影响地球温室效应的主要因素。由于现代社会中二氧化碳排放量持续、大幅度增长，成为影响地球外衣保暖功能的主要问题。根据联合国环境规划署计算，1986 年土地利用每年排放二氧化碳约 1.33 亿吨；而燃烧矿物质等人工排放二氧化碳高达 55 亿吨[③]。据英国（BBC）网站 2014 年 9 月 21 日报道，全球 2013 年人类活动碳排放量达到 360 亿吨，并预测 2014 年将达到 400 亿

---

① 月球由于没有空气，昼夜温差近 300 度。

② ［瑞典］克里斯蒂安·阿扎：《气候挑战解决方案》，4 页，北京，社会科学文献出版社，2012。

③ 李润东、可欣主编：《能源与环境概论》，17 页，北京，化学工业出版社，2013。

吨。如此巨额二氧化碳排放，成为当前地球温室效应增高的主要原因。

其他温室气体是指二氧化碳之外，还可能引起地球温室效应的、由人类活动产生或者制造的某些微量气体。相比二氧化碳，这些气体数量甚微，但对于地球气候变暖影响却与二氧化碳不相上下。20 世纪 80 年代一项研究认为，其他微量气体对于全球温室效应影响为：氟氯烃 24%，甲烷 14%，一氧化二氮 6%。微量气体虽然在大气中比例微乎其微，但温室效应值很高，已处于不可忽视状况①。

氟氯烃是 1928 年以托马斯·马基利为首的美国科学家合成的一种神奇的化合物，又称氟利昂。氟氯烃不仅无毒、不易燃，且具有稳定性和在低温条件下蒸发的特性，因而成了人类最理想的制冷剂。氟氯烃因而风靡一时，被广泛应用于各种制冷设备，包括住宅空调、汽车空调、航空、航海以及军事装备制冷、工业与民用制冷、低温施工等。由于有了氟氯烃，人类的生活与生产活动被大幅度优化。除了制冷之外，氟氯烃产品还是电子产品（印刷电路）的重要清洗剂，塑料发泡剂、气雾杀虫剂、气雾胶等的主要原料。人类社会现代化生活很快就离不开氟氯烃的生产与应用了。

甲烷分子由一个碳原子和四个氢原子构成，是自然界中最简单的有机物质。甲烷在自然界中分布很广。是天然气、沼气、煤层气的主要成分。甲烷作为化石燃料的一部分，燃烧后生成水和二氧化碳。甲烷直接排入大气，会与二氧化碳一样成为温室气体，而且造成的温室效应高于二氧化碳。人类活动所产生的甲烷排放，主要来源于煤炭、石油、天然

① 李润东、可欣主编：《能源与环境概论》，20 页，北京，化学工业出版社，2013。

气的生产与使用和农业生产。

一氧化二氮也称笑气，在18世纪由英国科学家约瑟夫·普利斯特里发现。因其具有氧化性，最初被用作麻醉剂、镇痛剂使用的。现在主要用于发动机助燃剂、火箭氧化剂。由于农田中使用大量氮肥，致使过量的氮肥长期存在于土壤和水分中，通过硝化微生物活动，转化为一氧化二氮并释放到大气层。一氧化二氮虽然在大气中含量极低，但其产生温室效应是二氧化碳数百倍。

2. 上帝的木马

公元12世纪初的一个月黑风高的深夜，一队希腊士兵从特洛伊城的木马中静悄悄地走出来，与早已埋伏在城外的大军里应外合，一举屠杀了庆贺胜利后酣睡的特洛伊人。“特洛伊木马”的故事由此为世人皆知。但人们所不知道的是，氟氯烃其实就是一个上帝惩罚人类奢侈的“特洛伊木马”！氟氯烃“木马”在地表很稳定而显得人畜无害。由于制冷设备泄露和其他生产、生活中会有大量的氟氯烃气体释放。氟氯烃“木马”会在随后的15年内缓慢上升到距地表15～50千米的平流层高空，受到太阳紫外线的照射，就会与平流层的臭氧分子产生化学反应，生成氧气分子与氯离子。氯离子就是“特洛伊木马”中的希腊士兵，一个氯离子“兵”可以与成千上万个臭氧分子反应，破坏臭氧分子，而其本身不受损害。由于氯离子“兵”的“攻击”，地球同温层臭氧分子的消耗远高于自然补充，地球臭氧层越来越薄，以致南极上空等局部地区出现臭氧层空洞。而臭氧层是地球阻挡紫外线、红外线的主要屏障，这一屏障如果变薄或者失去，紫外线就会大量照射到地面，造成对地面生物的伤害。除此之外，地球臭氧层的破坏，也使地球吸收更多的红外线，更加暖化。由此可见，氟氯烃对人类的危害是双重的，地球既失去了阻挡紫外线的屏障，又增加了红外线进入的数量。加之其他温室气体对于散热阻挡，造成地球表面温度更快上升，使冰雪消融造成海水侵蚀，人类生存空间将会被挤压。这就是可怕的氟氯烃“木马”!

发明氟利昂的科学家们怎么也不会想到，他们的发明其实是上帝精心设计的圈套。人们在享受他们发明所带来的清凉世界，享受着冷冻、冰鲜美味以及色彩斑斓生活的同时，他们令人骄傲的发明所引发的环境灾难却也在悄悄逼近，而且步伐越来越快。然而就像上帝在发动洪水时设计了挪亚方舟一样，上帝在此也动了恻隐之心：早在20世纪50年代，人们已经发现了氟氯烃的危害，至20世纪70年代，受到国际社会，特别是发达国家普遍重视。之后国际社会将其与二氧化碳、甲烷等一并归纳为温室气体进行限制，并不断开发替代物。由于人类社会的努力，氟氯烃有望近年彻底退出应用行业，地球臭氧层有望在21世纪末得到彻底修补。

而氟氯烃之父托马斯·马基利另外还是化合物“四乙基铅”的发明者，由于四乙基铅具有防爆燃的功能，从20世纪20年代起，全世界的汽油发动机都在使用这种加了四乙基铅的汽油，而生产者美国乙基汽油公司，这家由当时美国最大的三家公司（杜邦、通用汽车、新泽西石油）合资的企业，也赚得盆满钵满。乙基汽油使不能燃烧的铅排入大气，致使大气、水体铅污染，人、畜铅中毒。直到20世纪80年代人类社会才发现乙基汽油的巨大危害，开始全面禁止销售含铅汽油。

也许托马斯·马基利当年忙于数钱无暇顾及，他令人骄傲的发明所带来的木马悄然打开，环境灾星悄无声息地包围了人类，在用铅污染无情地摧毁了无数人的生命、健康之后，又将黑手伸向天空守护神臭氧层……当患有脊髓灰质炎的托马斯·马基利不幸被他自己发明的翻身机的绳索窒息身亡时，他可能还在做着天使的梦，当时世界上最富有天使的梦：他认为自己至少有两项伟大发明给人类制造了多少幸福！直到20世纪70年代，人类才逐步明白过来，这位制造了两只漂亮木马送给人类的“天使”，其实并不是天使，而是上帝的特工！但他自己却至死也没有意识到。

占地球温室效应44%微量气体，虽然体积微小，但对地球大气环境的影响举足轻重。相比之下，人们除了对氟氯氢的替代给予相应的重视外，对于甲烷和一氧化二氮排放基本处于放任状态。这种状态引起学界和有关部门足够重视（我们姑且把微量气体的排放简称为“微排”），人类社会在下大力气解决“碳排”问题的同时，也把解决“微排”问题提上议事日程。

3. 地球感冒的后果

地球温室效应增高，将导致的后果是气候变暖。气候学家詹姆士·汉森的研究表明，在14000年前，在500年里海平面上升了20米；大约在300万年前，全球平均气温比现在高3摄氏度，海平面比现在高约25米[①]。联合国《政府间气候变化委员会》（IPCC）通过气候模拟模式

① 李润东、可欣主编：《能源与环境概论》，26页，北京，化学工业出版社，2013。

表明：人为因素导致温室气体聚集很可能是过去50年来全球变暖的元凶[①]；21世纪内全球平均气温将以0.2℃～0.5℃速率持续升高[②]。由于气温升高，海平面将上升0.2～0.6米。IPCC的另一项评估报告认为，如果格陵兰岛气温平均上升3℃～6℃，那么岛上的冰雪会全部融化，仅格陵兰岛冰雪融化，就可使海平面上升7米[③]。如果地球气温继续升高，将会导致北极、南极冰层，青藏高原冰川萎缩、消融。最新一项研究表明北极的海冰正以每10年减少3%～5%的速度变薄，照这样的速度，再过80～100年，北极的冰层就会全部消失。地球目前的冰雪体积在2000余万立方千米，如果这些冰雪全部融化，可使地球海平面上升60～70米。

如果真的如此，目前世界上大部分沿海城市、乡村将被淹没。世界上主要粮食产地和工业生产基地也将被淹没，全世界一半以上人口需要另择家园。海平面上升还会影响全球水分平衡变化，影响热带气旋，引起厄尔尼诺现象。上述灾难性后果将是人类社会难以承受的，由此会引发各种社群间、民族间、国家间的矛盾和冲突，引起饥荒和战乱。

穿在地球身上的外衣出问题了，地球因此发热，但这是一个极其缓慢的过程，而且并不直接作用于人，不似物理、化学污染那样普遍被人们所感同身受。生活在地球上的大多数人是感受不到也不可能预测到上

① ［瑞典］克里斯蒂安·阿扎：《气候挑战解决方案》，18页，北京，社会科学文献出版社，2012。

② 李润东、可欣主编：《能源与环境概论》，20页，北京，化学工业出版社，2013。

③ ［瑞典］克里斯蒂安·阿扎：《气候挑战解决方案》，26页，北京，社会科学文献出版社，2012。

述的灾难性后果。因此，温室气体污染被称作地球生态环境的“隐形杀手”。近年通过学者们大量研究成果的促进，以及联合国层面的推手[①]，国际社会对于温室效应增高引起了足够重视，进行了卓有成效工作。可喜的是，国际社会织补地球保暖衣的行动开始了，不仅仅表现在会议和宣传上，还合力推行各项减排措施，逐步兑现所承诺的资金支持和减排指标。

四、“潘多拉”盒子被再度打开

潘多拉盒子源于一个古希腊神话：相传先知普罗米修斯创造了人类，并盗取了火种给人类，惹怒了住在奥林匹亚山上的众神之神宙斯，决计报复的宙斯精心设了一个局。宙斯指使众神制造了充满好奇心的美女潘多拉和装着所有罪恶和希望的魔盒，并送给普罗米修斯的弟弟——后觉者埃皮米休斯。好奇心驱使潘多拉不听劝告打开了盒子，释放出盒子里所有罪恶，潘多拉自知闯祸，在慌乱中关上了盒子，却只关住了希望。从此善良的人类失去自我，被罪恶蛊惑而看不到希望，人类世界充满了自私、贪婪、仇恨、欺诈、杀戮和战乱。宙斯的阴谋得逞了，然而宙斯究竟还在盒子里放了什么，魔盒还会被再次打开吗？让我们把故事继续下去吧……在即将进入 20 世纪的某天，潘多拉盒子果真被再次打开了，但打开魔盒的不再是好奇的潘多拉而是人类自己。因为自私、贪

① 1992 年联合国总部通过《联合国气候变化框架公约》（*United Nations Framework Convention on Climate Change*），1994 年生效。之后每年召开缔约方会议，评估世界应对气候变化的进展。

婪的人类早已对盒子的秘密觊觎已久了，而且他们也知道了普罗米修斯偷来的火种其实就是打开魔盒的钥匙（这或许是宙斯设的另一个局）。当人类利用火的魔力再次打开魔盒时，伴随着污秽、雾霾和噪声释放出来的并不是人类期盼的财富和希望，而是形形色色的污染魔怪！它们分成两队，一队打着化学的旗帜；一队打着物理的旗帜。

1. 化学污染的魔怪团队

从魔盒中逃逸的化学污染，是些什么魔怪？它们对于地球生态和人类本身，究竟会有多大危害？我们不妨盘点一下①。

魔怪之一，重金属污染物。包括重金属本身及其有机化合物和无机化合物。

其一，汞污染。汞污染来源于工业、农药和冶金等三废处理。金属汞本身对于植物、动物有剧毒作用，其化合物，特别是有机化合物，对动植物、人类危害最严重。汞在水体、土壤中被净化速度很慢，通常会长期存留。

其二，镉污染。镉对动物和人类危害主要是食用富集镉的植物和动物肉类引起疾病，如肾脏、肝脏和骨骼疾病，镉中毒会引发高血压、肺气肿等疾病。

其三，铬污染。过量的铬可以遏制水生物生长或致死。铬对于人体危害主要是致癌、致畸，引起皮肤疾病等。

其四，砷污染。据世界卫生组织公布，全世界目前有 5000 余万人

① 参见王秀玲、崔迎主编:《环境化学》，第四章，上海，华东理工大学出版社，2013 年。

砷中毒，中国是受砷中毒危害国家之一。砷对人体危害包括急性砷中毒和慢性砷中毒，可造成人体器官衰竭、病变、致癌和死亡。2009 年孟加拉国有超 200 万人砷中毒，造成多人死亡和病变。

其五，铅污染、铜污染、锌污染、锰污染、镍污染以及钼污染等。这些污染也是通过采矿、冶炼和工业三废排放产生。这些污染对于植物、动物和人类也造成不同程度危害。

魔怪之二，农药与化肥污染。

农药与化肥，是现代农业生产中为消除农作物病害、增加产量必不可少的施用物质，也是现代农业科技的产物。如果没有农药和化肥，农业产出将不足以养活近 70 亿世界人口，世界将因食物短缺而陷入混乱与饥荒。因此，从宏观上讲，人类对于农药与化肥依赖是人类自身的繁衍、人类社会的和平与稳定所必须的。然而人类使用农药与化肥也是双刃剑！因为农药与化肥在增加农业产量同时，也会造成对环境，特别是土壤不同程度污染。

其一，农药。农药包括杀虫剂、杀菌剂、防啮齿类动物药物、除草剂以及植物生长调节剂等。目前全世界年产农药 200 余万吨，种类达数百种，多数农药施用是通过喷洒于植物茎叶或土壤表面，虽然部分残留农药被挥发，但仍有数量可观的残留农药进入食品和土壤。

其二，化肥。化肥对土壤的污染是指施用后未被植物吸收和挥发，仍残留于土壤中。正常施用化肥被农作物吸收的一般比例是：氮肥为 30%～60%；磷肥为 20%～25%；钾肥为 30%～60%，人类为使农作物增产，往往过量施用。大量残留于土壤中的化肥，绝大部分会随着水分下渗到植物根系以下土层中，或者通过排水系统进入江河湖泊，造成水体富营养化和水体污染。化肥中的重金属以及放射物质还会富集于食品中危害人类健康。

魔怪之三，有机酚类化合污染物①。

由于许多类型的工业生产都可以排出含有机酚废水，如石化、合成染料、油漆、制药、煤化工、塑料等，加之生活污水中的含氮有机物也可分解酚，有机酚类广泛存在于工业废水和生活污水中。酚是一种中等强度化学毒物，与人体细胞中的蛋白质发生化学反应，可以使细胞变性或者蛋白质凝固。酚类化合物进入人体渠道可以是呼吸、皮肤黏膜接触和饮食。

魔怪之四，氟与氟化污染物。

氟是人体必不可少的微量元素，但过多摄入氟，会对人体产生严重病害，如氟骨病、关节变形等。

氟是积累性毒物，可以通过富集于植物茎、果叶如蔬菜、水果、粮食、牧草等或饮水被人畜食用（甚至茶叶），造成危害后果。

化学魔怪们并不全是向人类正面进攻，而是无所不在地隐藏于人类工作与生活的方方面面。俗话说“明枪易躲，暗箭难防”，人类对于化学污染已是防不胜防。

2. 飘荡在空气中的化学污染

大气层分为五层，它们分别是：对流层，即距地面 10 千米左右大气层，风、雨、云、雾、雪等大气现象大都发生在该层。平流层，即对

① 参见王秀玲、崔迎主编：《环境化学》，106 页，上海，华东理工大学出版社，2013。

流层以上距地55千米大气层，气体一般只作平行运动，中间有约20千米厚臭氧层。中间层，平流层之上距地85千米的大气层，气温极低，气体作垂直运动。热层，中间层之上距地200千米的稀薄大气层，气温较高，气体呈离子状态，故也称电离层。散逸层。即热层之上数百千米大气和太空真空的中间过渡带。

就化学污染物质而言，几乎都是在对流层飘逸，而且绝大多数在通过近地几米到几十米的高度内对流和扩散的，这一高度正是地球生物生存空间，因此也是化学物质大气污染高危区域。

大气中的化学污染主要包括：

其一，光化学烟雾污染。光化学烟雾是工厂、内燃机等排放的一次污染物碳氢化合物、氮氧化合物与阳光作用下生成的二次污染物，具有强氧化性，对人体皮肤、呼吸道以及动植物均造成损害。20世纪中叶曾在世界各国造成多次灾难性后果。

其二，酸雨。酸雨是指pH值小于5.6的降水（包括雨、雪、雹、露），主要由空气中的二氧化硫、氮氧化物转化成硫酸、硝酸和亚硝酸所致。酸雨对农作物生长会造成灾难性影响，还会对建筑物、生态环境造成破坏。

其三，雾霾。雾霾主要构成部分是颗粒态污染物，也称气溶胶。来源于燃烧、工业生产中排放的废气、烟尘、粉尘和农业、交通运输发动机的排放；其次还包括扬尘、渣土以及生物气溶胶等。科学家根据雾霾中颗粒物直径，分为三种类型：①一种是PM2.5，即直径小于2.5微米

① 参见王秀玲、崔迎主编：《环境化学》，45页，上海，华东理工大学出版社，2013。

颗粒物，这种颗粒物可以通过呼吸道直接进入人体，微粒所携带有毒化学物质可被人体吸收，许多呼吸系统疾病，包括肺癌，都与吸入 PM2. 5 有直接关系。另一种是 PM10，即小于 10 微米颗粒物，这种颗粒物也可以被呼吸道吸入人体。第三种是 TSP，即直径小于 100 微米颗粒。雾霾成分相当复杂，而且因为各地污染源的不同而有差别。

雾霾中颗粒物包括无机物和有机化合物两类：无机物包括土壤、矿物质细微粉尘。有机化合物高达数千种，包括大量酸类、酮类、醇类、醛类、烃类有机化合物，绝大多数是二次污染物。有机化合物具有分子量大，水溶性强等特点。雾霾已经成为困扰中国以及许多发展中国家主要空气污染现象。

中国 SARS 权威专家，中国工程院院士钟南山教授认为："空气污染对身体影响比 SARS 还厉害"。钟教授援引了一项西方研究报告，通过对英国、意大利、挪威等 9 个西方国家人群 12～8 年随访的结论；空气中 PM2. 5 浓度每立方米增加 5 微克，肺癌发病率随着升高 18%。目前中国大部分城市空气污染（包括 PM2. 5，PM10，氮氧化物等）超过上述国家 5～20 倍。此外，钟院士还引用有关数据证明北京地区过去 10 年肺癌发病率上升了 60%[①]。

3. 混入水体中的化学污染

自然界中存在的水即水体，包括地面水，地下水和空气中存在的水。广义上水体还应包括动物、植物体中以及各种工农业产品中所含水

① 人民网："钟南山：空气污染对人体的危害堪比 SARS"，2013 年 8 月 13 日。

分。地球水体是一个自平衡系统，包括沉淀与溶解平衡，酸碱平衡，氧化还原平衡等。在自然状态下，通过水气循环，河流和地下水渗透，达到自我平衡。但在现代社会各种污染条件下，地球水体自我平衡已被打破，原有自然状态下自平衡系统已经无力维持。

水体中的化学污染，主要是指对于地表和地下水污染。由于水的溶解性，以及作为地球生态系统循环“血液”作用，以及人类生产、生活不可或缺的基础物质，致使水体承载了化学污染物的绝大部分；也使水体中的化学污染物成为人类生态环境最大杀手。

水体中化学污染物为无机物和有机化合物两大类。主要包括重金属的汞、镉、铬、铅、砷等以及这些重金属的有机化合物；非金属类的氰化物、氟化物、苯、酚类、多氯联苯、有机磷、有机氯化合物等。这些有毒化学物质绝大部分不易分解，在水体中长期存在。水体中的化学污染物通过食物、日用品、工作、生活环境等进入和影响人体①。

根据美国学者的分类②，水体污染物包括：

其一，耗氧污染物，来源于生活污水和工业污水。

其二，致病污染物，来源于人畜排泄物污水以及医院污水，这些污水含有大量细菌和病毒。

其三，合成有机物。来源于洗涤剂、农药残留物等有机产品及其降解物。

其四，植物营养物，主要是过量使用化肥，致使水体严重富营

① 魏振枢、杨永杰主编：《环境保护概论》，第五章第三节，北京，化学工业出版社，2013。

② 参见王秀玲、崔迎主编：《环境化学》，63页，上海，华东理工大学出版社，2013。

养化。

其五，重金属、其他无机物及其化合物，主要来源于城市污水，工业废水和采矿废水。

其六，沉积物。主要是指由于植被破坏造成水土流失，大量泥沙和无机物质、工业废水和采矿废水等冲入江河，使江河水质下降，河道水库淤积，腐败物质滋生。

其七，放射性物质，水体放射物质污染可能造成水生动物死亡、疾病和畸形，造成人体放射病和其他疾病。

其八，热污染，主要是指发电厂排放的冷却水导致水体温度上升，水质恶化，水生物生存环境下降。

4. 潜伏在土壤中的化学污染

土壤来源于地表岩石的风化，经过亿万年的积累和再风化，逐步形成具有透水性、透气性和含水性特征的大小不等细微岩石颗粒。这些颗粒在水和水溶性矿物质、无机物、有机物特别是腐殖质作用下，形成适合植物生长混合体，即现代意义上的土壤。从地表到地下，土壤密度、含水度、与腐殖质混合度并不一致，在不同地区、不同地质情况下，土壤成分也不一致。

土壤受污染情况，与地下水受污染情况密切相关。甚至可以说，所谓土壤污染，其实主要是地下水污染。因为土壤的所有污染物，几乎全部是由地下水带来的；土壤对植物、动物以及产品污染作用，也绝大多数是通过地下水实现的。土壤也有自净作用，因为土壤中还有动、植物之外的第三个生物群落存在，那就是前面所述的微生物。动植物残体中有毒物质，以及土壤含水中有毒物质，有一部分要被微生物所消化。此外，一些颗粒大的污染物质，在水循环中被土壤过滤。

土壤污染主要通过四个途径发生[1]：

其一，污水灌溉，即使用未经处理或者含有有毒化学物质工业废水、城市生活废水灌溉农田。

其二，酸雨和雾霾降尘，酸雨降落地面后，造成土壤酸化和破坏土壤生态平衡；成分复杂的雾霾，有一大部分要最终降落回地面，在土壤表面形成污染“膜”，或者随水分渗入土壤，造成继发污染。

其三，化肥、农药残留，残留化肥或者进而生成新的化合物，都可成为潜在化学污染物；用来毒杀害虫农药绝大部分都残留在土壤或水体之中。土壤和水体对于化肥、农药的降解、自净能力十分有限。

其四，固体废物、垃圾存放与处理，包括尾矿、工业废渣、建筑、生活垃圾。固体废物、垃圾快速增长，存放、处理压力越来越大，造成污染事故也与日俱增，有的还引发其他灾难[2]。

5. 钻入生物体的化学污染

有毒化学物质通过大气、水体和土壤途径，进入食物链低端的植物、动物体内，再经过各层食物链富集，最终通过食物、生物制品进入人体造成污染。生物体化学污染主渠道有三种：其一，通过植物根系从土壤水分中吸收；通过植物茎叶从大气中吸收。这些来源于土壤水分和

---

① 参见王秀玲、崔迎主编：《环境化学》，99页，上海，华东理工大学出版社，2012年。

② 2015年12月20日，中国深圳市发生倒的垃圾山体滑坡严重事故，百余米高的垃圾堆放山体突然滑坡，导致33栋建筑物和住宅楼被不同程度掩埋和损坏，死亡、失踪人数达75人。

大气有毒化学物质在植物茎叶、果实内富集，再被畜禽食用，并在其体内富集，人类食用了这些富集有毒化学物质的畜禽肉产品。其二，在水体中的有毒化学物质，经浮游生物或者水生植物吸收，又被鱼虾类食用并在其体内富集，之后又被人类食用。其三，人类直接食用受有毒化学物质污染植物的茎叶果实。除此三种渠道外，还有许多生物食物链的交叉，例如浮游生物—小鱼小虾—大鱼—食肉鱼类—人类的渠道；再如植物—食草动物—食肉动物—人类的渠道。

而在事实上，人类的食物链是一张相互连接的网，而不是单一的链接，每一种食物都可能来自网上的某个节点，或者通过某些节点与多种底层食物源或者上层食物链联接。这种网状食物链的最终点，也是食物链金字塔顶端，就是人类。人类高居于食物链顶端，是世界万物的主宰，同时也成了生物体有毒化学物质污染的最严重受害者。而排放有毒化学物质，原本是人类在生产更多现代生活的需求用品同时，出于利益追求或者出于无知，而放任了对其伴随产生有毒物质的控制，使其进入了自然界食物链，最终贻害人类本身。可以肯定，现存的威胁人类的有毒化学物质，绝大多数是人类自己制造出来的，人类最终又将自己制造的有毒化学物质食用！这真是莫大的讽刺，也应了“自食其果”的因果循环。

有毒物质在大气、水体和土壤中，可以通过化学反应和微生物作用，使一部分得到降解、中和或生成无害物质。① 但事情往往也有其相

① 参见王秀玲、崔迎主编:《环境化学》，第五章，第四节，上海，华东工业大学出版社，2013 年。

反一面，有毒化学物质，还可能在上述环境中被转化成毒性更大的有机化合物，如有机汞、有机磷化物等。这些高毒性的有机化学物质，其中有一部分被植物吸收和富集，再逐层进入动物食物链网，逐层富集，最后到达人类的食物构成时，已经不亚于毒药。

6. 融入产品的化学污染

产品本身含有有毒化学物质，以及在产品制造和生产过程中残留于产品的有毒化学物质即产品化学污染。产品可以分为直接作用于人体产品和间接作用于人体产品。化学污染产品对于人体危害，直接作用于人体产品要大于间接作用于人体产品；而有毒食品对人体危害更胜于有毒用品。

现代人类生活的衣食住行，离不开环境和各种人造化学产品，包括居住、生活场所，工作设施，办公用品，服装、食品、玩具、体育设施等。因此，产品化学污染，可以说是最直接作用于人类本身的污染，也可以说是当今世界人类无法逃避的污染（另一种解释是人类享受现代生活付出的代价）。

产品化学污染有多严重，每一个生活在现代社会中的人都会感同身受。大到住房、家具、汽车、小到化妆品、衣物，人们的生活空间，甚至身体也都置于污染之中，如果加上食品污染，现代人类从里到外都被有毒化学物质侵蚀了。

产品化学污染途径可以分类为：(1) 饮食污染，即饮用、食用或者吸用含有毒化学物质产品（食品、饮品、药品）。(2) 呼吸污染，即吸入产品挥发或者使用中散发有毒化学物质（如甲醛、苯类等）。

(3) 接触污染，即通过身体和皮肤接触含化学污染物质产品，或者接触这些产品释放的化学污染物质。

产品化学污染类型包括：

其一，违规污染，就是超出法律规范许可范围的污染。国际社会、国家和地方政府，根据人类健康容许度，规定了各种产品中有害物质含量的许可标准，超过这类标准的，属于违规污染。这种产品有害物质的标准规定，因各国、各地区具体情况不同而不同，其严厉程度也差别很大。一些发达国家，相对有严密的产品质量规定，其执行、管控力度也比较大，因此产品污染相对轻一些。还有一些国际、国内知名的品牌，为了维护其产品信誉，也严守质量标准，有的甚至自己规定低于国际、国内标准的污染物含量标准。反之，在一些发展中国家或者落后地区，对于产品有毒物质的标准并不严格，甚至缺失相应的产品质量规定，有些规定不能执行到位，管控执行力度相对薄弱。还有一些不规范的企业和无证生产者，为了追求经济利益，放任产品有毒物质含量，致使劣质产品泛滥。处于基层的、低收入的民众，是这些违规污染的主要受害者。

其二，合规污染，就是在法律规范许可之内的污染。这种法律规定许可标准之内的，被标为合格的产品，对人体在许可范围内污染，我们称为合规污染。合规污染由于各国各地区对污染规范严厉程度和执行、控制能力不同也不同。一件产品，在发展中国家是合规产品，到了发达国家就可能成了违规产品。合规污染还由于人们对于污染的认识不断深化而趋严格，例如许多药品，如抗生素类、镇痛类等，由于人类在使用中发现了其过高毒副作用而禁用。对于一些含甲醛类产品，含其他有毒物质产品，也通过立法和修改标准限制使用或淘汰。

人类对于有毒化学物质合规污染也有一个不断深化和修正过程。有三个不争事实是：(1) 人类虽然规定了产品合规标准，但并不是完全拒绝污染，而是在人类健康许可范围内妥协；(2) 随着人类对于产品性能认识深化和人类对于健康生活标准提高，产品合规污染标准会不断提高，规范会不断完善，管控能力也不断提高；(3) 国际商业大融合，产品国际化，促使落后国家、地区产品标准立法、执法不断完善，产品污染死角也逐步减少。

7. 物理污染也疯狂

与化学物质污染不同，物理污染不是对人体细胞产生化学反应而产生毒害，而是通过外力震荡、干扰或者辐射对人体造成损害。物理污染也不像化学污染那样无所不在，而是存在于特定场合和环境。人类如果避开这些环境和场合，或者优化自己生活和工作环境，就可以避开大部分物理污染。例如，如果人们居所和工作地不在高速公路、机场或者工厂附近，就可以减少受噪声污染的概率了；如果人们尽可能少使用手机、家电以及电视、电脑，就可以减少受电磁辐射危害的可能；如果人们不接触或者远离核污染源，就可以避免核放射伤害。

人类受物理污染的历史几乎与化学品污染相同，大规模污染也应始于工业革命。

(1) 核放射污染。核放射源于物质原子核变化产生的放射物质，这些物质在衰变中会产生三种射线，科学家将其命名为α射线、β射线和λ射线。α射线是高速氦原子核，其质量大，电离能力强，但穿透力不强。

α射线一般不易穿透衣着进入人体，但如果通过饮食或者直接接触进入人体，其伤害会很大。β射线与之相反，其粒子质量较小，穿透力较强，一般的衣着或者防护设备不足以阻挡，但电离能力小，对人体的伤害小于α射线。λ射线却不同，它兼有二者的特点，既具有较强的穿透力，又具有对生物组织较大的伤害性①。

来源于宇宙的放射线以及自然界中存在的放射线都是微乎其微的，不足以对人体产生伤害。现代社会中的核污染，主要产生于核试验、使用核武器和核事故造成的污染。其中由于核武器使用和制造、保管而产生的有关污染是最严重的。例如，“二战”期间美国对日本投放的两枚原子弹，除了当场数十万人死于非命外，在战后数十年间，因污染导致死亡和伤残的人数也达数十万，且有的污染后果遗传给后代。战后各国在地面和海洋进行的核试验中，导致试验地区和周边数十年的生态灾难。由于苏联的解体导致的核武器失控，一些核武器部件或核材料可能落入恐怖分子之手。如果组装出小型核武器或者脏弹，将会使世界进入新的核污染危险之中。

除了核武器污染问题，现代社会中核发电、核动力装置出现泄露事故造成的污染以及不当处理核废料造成的污染是最大的威胁。例如，美国三里岛核电站泄漏事故；苏联切尔诺贝利核电站泄漏；日本福岛核电站泄漏等事故。不但造成了严重的人员伤亡和经济损失，也引发了社会恐慌和人们对于利用核电的信任危机。从日本核电站泄漏事故之后，世

---

① 参见崔灵周、王传花、肖继波主编：《环境科学导论》，126 页，北京，化学工业出版社，2014 年。

界各国发展核电步伐明显减缓。

核废料处理一直是困扰人类社会的难题。由于核废料半衰期是数百年到数百万年，目前人类唯一办法就是封存保管。随着人类和平利用核能范围扩大，核废料封存与保管数量会不断增大，不仅需要安全和足够的容量，还需要更严格的监管。

目前自然界的放射同位素主要有铀（U）、氡（Ru）、镭（Ra）、锕（Ac）、镤（Pa）和钚（Po），此外还有多种人工制造的同位素。放射性同位元素应用于医疗、工业和农业生产中，如医疗（如癌症治疗中的放疗）、诊断，工业探伤、测量、灭菌，农业育种、灭虫或保鲜等。由此也带来了对于泄露与管理不当引发的事故与污染。

(2) 噪声污染。噪声是人们不需要的，对人体、动物和环境产生危害的声音。如果从普遍性角度和对人类影响的规模看，噪声应该是物理污染之最。因此学界把噪声污染与水污染、大气污染和废物污染并列为当代世界四大公害。噪声污染不同于任何一种污染物，它并不是以物质形态出现，而通过对空气的震动传播的。噪声传播不会给环境留下什么有毒有害物质，也不会在环境中积累，且传播距离有限，一旦声源消失，噪声即不复存在。噪声对人类的影响主要是通过人的听觉实现（当然特别低频噪声还会对人体其他器官产生损害）。

现代社会噪声主要来源是：(1) 交通运输工具、设施产生的噪声。交通运输噪声一般在 75～90 分贝。(2) 各类工厂、机器设备运行时产生的噪声。工厂噪声一般都在 90～120 分贝，个别机器可能超过 120 分贝。(3) 建筑噪声。建筑工地噪声一般在 70～100 分贝。(4) 社会生活噪声。这类噪声虽然不大，但直接影响人们休息、工作质量。社会生活噪声一般在0～80分贝。

噪声危害对人类、对动物和环境均造成不同程度影响[①]。就人体一般情况而言，30～40分贝是比较适合人的正常声音环境。噪声超过50分贝，就会影响人的休息。噪声超过70分贝，就会干扰人的正常思维、精神状态和工作效率。如果长期在90分贝环境中工作或者生活，就会对听力造成损害，并可能引发其他疾病和破坏。

(3) 电磁辐射污染。电磁辐射污染源于人类对电磁波的应用，电磁波即通常所称的无线电波。自从19世纪80年代人类发明了无线电通信以来，在一百多年时间里，无线电技术有了突飞猛进的发展。就无线通信技术而言，包括长波通信、中波通信、短波通信、超短波通信和微波通信。无线电也发展为广播、电视，随着数字化与电脑的发展，现代社会将电磁波应用于互联网通信，车联网、物联网，电商购物、卫星定位导航、卫星通信、手机通信等。电子产品大量应用，进入人类生活方方面面。与此同时，电磁辐射污染也悄然进入人类生活。如果说化学品污染还能被人们感知，电磁辐射污染是在不被感知情况下进行的。

除了上述电视、广播和通信、信息发射、差转外，电磁辐射发生源还应包括：工业、科研、医疗用高频设备；电气化铁路、电动交通工具；发电、输变电站、高压线路、地下电缆；家电、电脑与手机。可以说在地球上，包括卫星环绕的外空间，都充满了人类活动产生的电磁波。除此之外，大自然中也产生电磁波，例如雷电、火山爆发、地

① 参见崔灵周、王传花、肖继波主编：《环境科学导论》，109-114页，北京，化学工业出版社，2014年。

震等。

电磁辐射对人体是否有危害，人类社会目前还没有权威的说法。但有一点是肯定的，由于人体本身是一个导电体，在无防护情况下，电磁波对人体是可以穿透的，现实生活中，人们周围布满了各种各样的电磁波发射源，人类每时每刻都处于数不清的、各种不同角度、不同强度的电磁辐射“切割”之中，虽然绝大部分电磁波是很微弱的，但在持续的，多种电磁波“切割”下，难免会对人产生影响和损害。特别是会对人类自身电离平衡系统产生干扰和损坏，也会对人的心电、脑电、神经感应系统产生不可避免的影响。

近十年来，手机突飞猛进进入人类生活，特别是智能手机，不但成为人们便捷的通信工具，也成为人们娱乐、社交、购物、新闻媒体、商务、办公等基本工具。一些人除了睡觉，近半或者更多的时间是在操作手机。目前全世界半数甚至更多的人在使用手机，手机硬件、软件产业已经成为世界最大的、也是最赚钱的产业。手机对人体影响究竟有多大？是否还有许多潜在危害没有被人类发现？目前所有疑虑似乎都被手机的光环所覆盖了。如果将来有一天手机被发现对人体严重或者致命危害（这里只是假设），那将可能是人类社会又一场巨大的污染灾难！在目前全人类对手机飞蛾扑火般狂热追捧情况下，有谁能够冷静反思呢？

除了手机，还有电脑，电脑在全世界办公环境中、家庭、学校、科研机构的普及，以及未来机器人的应用，使电脑成为另一种贴近人类的电磁波发射源。除此之外，还有广泛使用无所不在电力，包括从发电到动力、取暖、交通运输工具、到家电，每一件都是一个电磁波发射源。在人类生活和工作全部以电气化取代之后，电磁波发射可能比现在还要强上若干倍。也许在未来百年之后，人们为彻底解决了碳排放污染和化学品污染以及放射、噪声等污染而要松一口气的时候，突然会发现须臾不可离开的电气化、信息化，居然又成为另一个困扰人类的最大污染源！原来上帝给予人类每一件礼物都是有代价的，可怜的人啊！

我们暂且回到现实。也有学者研究认为，电磁辐射会导致人体温度升高，身体发生机能障碍，免疫力下降，神经系统障碍，自我循环、修复功能减退，新陈代谢紊乱。还可能引起失眠、头疼、记忆力减退、食欲不振、心脑电图异常、视觉疲劳症状。[①] 这些虽然还没有足够数据和病例支持，但绝不是危言耸听。

(4) 光污染。光其实也是一种电磁波，电磁波根据波长分为无线电波、紫外线、可见光、红外线、X 光、和伽马射线。波长从 3000 米到千亿分之一米（10^{-12}米）。物理学上所说的光污染，是指可见光和它的两个邻居紫外线和红外线对人体和环境造成不良影响。三种光波长介于10^{-2}米～10^{-8}米。红外线波长低于可见光，紫外线波长高于可见光。可见光由红、橙、黄、绿、青、蓝、紫七种光波组成，其波长在 3900～7600 埃（1 埃等于 10^{-10}米）。

其一，可见光污染。可见光对人类影响主要包括三种情况：即炫目光、灯光和色彩。被这些光源照射，人眼会有不适、眩晕或者短时失明。此外，现代城市建筑物大量使用玻璃幕墙、铝合金、釉面砖以及彩色涂料，其光线反射也会造成人眼的色彩污染。长期生活在炫目光下，

---

① 参见崔灵周、王传花、肖继波主编：《环境科协革命》，117-121 页，北京，化学工业出版社，2014。

会使人视力受到影响，或者产生精神、生理病变。在夜间照明的灯光给人类带来了生活和工作便利，但过度明亮的灯光和彻夜照明的灯光也会破坏人和动物的生物钟，带来不适或者病变。

其二，红外线污染。红外线有近红外和远红外之分。红外线由于在军事、科研、工业、医疗中的应用日益广阔，与此同时，造成相应污染也更大。红外线污染主要是对皮肤的灼伤，对人眼睛角膜和视网膜损害。

其三，紫外线污染。大自然中的紫外线源于太阳照射，过量紫外线照射会使人皮肤产生病变，但紫外线也有强力杀菌作用。在自然状况之外，人们制造了紫外线用于杀菌消毒，电焊时会产生大量紫外线。紫外线对人体的损害，主要是对皮肤灼伤和对眼睛损害，如诱发角膜炎、畏光、流泪和面部痉挛等。

(5) 热污染。人类社会在生产和生活中向环境排放废热和增温物质，引起环境恶化而产生了危害。

现代热污染的另一个问题是城市热岛效应。城市由于大量的人工发热体，建筑物和道路等蓄热体以及绿化减少等因素，造成城市高温化，城区气温明显高于郊区。城市热岛效应导致污染物不易扩散，引发呼吸道与老年疾病，影响人们的情绪和工作效率，增加水电支出等。

本章结语：生命起源于碳和氢的结合，火的使用开始了人类文明，也是污染的源头。污染与人类文明同行，污染程度与人类文明发展成正比例关系。近现代的工业化、高科技使污染加剧，人类优越的现代生活所付出的污染代价是人类社会不能承受的。当代污染主要分类为温室气体污染，化学物质污染和物理污染三大类。温室气体污染的主因是二氧化碳过量的排放，气体温室气体如氟利昂、甲烷也起着推波助澜的作用。化学污染的主要物质是重金属、农药、化肥残留以及酚类、氰类以及有机化合物。化学污染的范围遍及大气、土壤、水体、生物体以及产品。物理污染种类包括核放射、噪声、电磁辐射、光和热。现代社会中污染已经无处不在，存在于人类生活、生产的方方面面，成为困扰人类、威胁人类生存的梦魇。研究污染的历史与现状，并对各种污染物的种类、成分进行了盘点，有助于对污染的深入了解，有助于制定正确的零污染策略。

第三章
温室气体零排放

人类对于温室气体的认识，可以最早追溯到19世纪初，著名科学家傅立叶[①]在晚年研究中曾涉猎了类似于“温室效应”热传导研究[②]，被认为是人类认识气候变化问题上的先驱。19世纪60年代，爱尔兰科学家约翰·廷德尔[③]发现了水蒸气与二氧化碳温室效益原理[④]。然而对于温室气体真正进行深入研究，并且引起了国际社会普遍重视，还是从20世纪下半叶逐步展开的。国际社会开始对于温室气体导致气候变化给予重视，并在科学家帮助下，将控制温室气体聚焦于减少二氧化碳排

---

① Jean Baptiste Fourier 1768—1830。

② ［瑞典］克里斯蒂安·阿扎：《气候变化解决方案》，2-3页，北京，社会科学文献出版社，2012。

③ John Tyndall 1820-1893。

④ ［瑞典］克里斯蒂安·阿扎：《气候变化解决方案》，3-6页，北京，社会科学文献出版社，2012。

放（也包括一些微量气体排放，如氟氯烃等），逐步有了国际社会应对气候变化的实质性行动，即以减少碳排放为中心议题的国际合作与努力。

一、 国际社会都做了些什么

20 世纪 40 年代末，第二次世界大战的硝烟终于散去，亚洲、非洲和欧洲已经是满目疮痍，焦土连片。无论是还没有从胜利喜悦中清醒过来的战胜国民众，还是尚未从失败沮丧中解脱出来的战败国国民，都一致投入医治战争创伤的洪流中。世界工业化的车轮又重新转动，至 70 年代，战争的疮疤基本得以医治，但不顾一切发展的工业化所引起的污染却越趋严重。污染的现实使国际社会终于认识到了合作的重要性。得益气候专家和民间非政府环保组织推动，冲破“冷战”藩篱，国际社会应对气候变暖合作从此有了良好开端。

1. 人类环境会议

1972 年 6 月，联合国在瑞典斯德哥尔摩召开了 113 个国家参加的人类环境会议。这是人类历史上第一次在全世界范围内研究保护人类环境问题。会议在气候专家推动下，提出了“只有一个地球”的口号，形成并公布了《联合国人类环境宣言》（*Declaration of United Nations Conference on Human Environment*）。该《宣言》就有关人类环境问题达成了 7 点意见和 26 项共识。概括起来包括人类的环境权利和保护环境的义务；保护和合理利用各种自然资源，防治污染；促进经济和社会发展，使发展同保护环境协调一致；筹集资金帮助发展中国家；发展科学技术和教育；销毁核武器和大规模毁灭性武器；加强国家对环境的管理；加强国际环境保护合作等。

这次会议的意义不仅在于世界多数国家就环境问题达成了共识，还在于这是人类历史上首次就环境问题召开专门的会议。标志着人类不仅意识到了环境污染的严重性，开始了保护环境，与污染作斗争进程。《联合国人类环境宣言》是一个人类由放任环境污染到有意识的保护环境的转折点。

2. 世界气候大会

1979 年 2 月，第一届世界气候大会在瑞士日内瓦召开，来自世界 50 多个国家的 400 余位代表参加了会议。这次会议的重要成果：就全球变暖问题达成广泛共识，推动建立政府间气候变化委员会，从此打开了气候问题国际合作通道。

3. 政府间气候变化委员会

1988 年 12 月，联合国大会通过决议，决定世界气象组织（WMO）和联合国环境规划署（UNFP）建立政府间气候变化委员会(Intergovernmental Panel Climate Change IPCC)。IPCC 是政府间机构，向所有的 WMO 和 UNEP 成员开放。IPCC 成立后，先后于 1990 年、1995 年、2001 年及 2007 年发布了 4 次正式的“气候变化评估报告”。IPCC 对于推动《联合国气候变化框架公约》《京都议定书》起了巨大作用。

4.《联合国气候变化框架公约》

1992 年 6 月，在巴西里约召开的联合国发展与环境首脑大会上，166 个国家政府签署了《联合国气候变化框架公约》（*United Nations Framework Convention on Climate Change UNFCCC* 或 *FCCC*）。1994 年 3 月 21 日，该公约生效。该公约旨在全面控制温室气体排放，是国际社会应对全球气候变化问题上进行国际合作的一个基本框架。目前已有 190 多个国家批准了该公约。从 1995 年 3 月到 2014 年 2 月，UNFCCC 共召开过 20 轮缔约方会议，缔约方做出了许多解决气候变化问题的承诺，例如，碳减排承诺等。

5.《京都议定书》

1997 年 12 月在日本京都召开的《联合国气候变化框架公约》第 3 次缔约国会议上，通过了《联合国气候变化框架公约京都议定书》，简称《京都议定书》。《京都议定书》规定了发达国家温室气体减排目标。虽然美国拒绝批准《京都议定书》，但在 2005 年 2 月 6 日，《京都议定书》正式生效。2012 年在卡塔尔举行的第 18 次缔约国会议上，通过了《京都议定书》第二承诺期修正案，对相关发达国家设定了 2013—2020 年温室气体量化减排指标。欧盟、澳大利亚宣布加入，日本、加拿大没有加入。之后美国对于《京都议定书》的态度有所松动，例如，2007 年美国最高法院认为“美国环保署必须控制二氧化碳排放，或者对不控制二氧化碳作出解释”；奥巴马政府给予加州政府控制温室气体的特权，以及逐步回归国际社会参与温室气体减排磋商[①]。

2014 年 12 月 14 日，在秘鲁利马召开的《联合国气候变化框架公约》第 20 次缔约方会议和《京都议定书》第 10 次缔约方会议结束。会议虽然没有就新一轮减排达成共识，但就 2015 年 12 月在法国巴黎召开的 196 个国家参加的世界环境会议达成一致。鉴于 2014 年 11 月中美两国在北京 APEK 会议上共同发布的《中美气候变化联合声明》，美方宣布在 2025 年实现在 2005 年基础上减排 26%～28%的目标，而中方宣布 2030 年碳排放达到峰值，非化石能源占一次能源消费比重 20%左右。这可以看作世界上两个最大的发达国家与发展中国家的碳排放国在温室气体减排方向迈出的合作步伐。

6.《巴黎协定》

2015 年 11 月 30 日至 12 月 11 日，《联合国气候变化框架公约》第 21 次缔约方会议和《京都议定书》第 11 此缔约方会议在法国巴黎召开。184 个国家递交了应对气候变化“国家自主创新”文件，这些国家涵盖了全球碳排放量的 97.9%。150 多个国家元首和政府首脑参加了会议开幕式，全球近 2000 个非政府组织参加了大会。会议通过了《巴黎协定》。《巴黎协定》共 29 条，涵盖了目标、减缓、适应、资金、技术、全球盘点等。主要内容包括加强应对全球气候变化威胁，把全球温度控制在较工业化前高 2 摄氏度范围，并向 1.5 摄氏度努力。全球尽快实现

① ［瑞典］克里斯蒂安·阿扎：《气候变化解决方案》，112-113 页，北京，社会科学文献出版社，2012 年。

温室气体排放达峰，并在21世纪下半叶温室气体净零排放。协议规定各国以“自主贡献”方式参与，发达国家带头减排，并在资金、技术、能力方面帮助发展中国家减排。

2016年4月22日，178个国家齐聚联合国，签署了《巴黎协定》。2016年9月3日，在杭州举行的G20峰会上，中美两国元首向联合国秘书长潘基文交存两国批准《巴黎协定》的文件。2016年10月5日，联合国秘书长潘基文基于占温室气体排放55%以上的国家交存批准、接受、核准加入《巴黎协定》文书，宣布《巴黎协定》在2016年11月4日生效。国际社会终于松了一口气。

7. 近半个世纪的成果

尽管围绕《京都议定书》的减排义务，发达国家与发展中国家有较大分歧，导致了国际社会在多次环保会议上的合作不能尽如人意。但这些分歧所建立的基础，即对于温室气体减排的共识并未动摇。不少国家在实实在在地履行着自己的承诺，或者是在自主地实施着自己的环保战略。

当2001年美国退出《京都议定书》后，欧盟各国力挺并促使《京都议定书》生效，并在之后的减排谈判中积极推动。1996年欧盟确立了地球温度不能高于工业化之前2摄氏度的目标，并确定了2020年温室气体排放在1990年基础上减少20%的目标。1990—2006年，欧盟二氧化碳排量上升了3%，而美国同期上升比例是18%[①]。在欧盟国家中，瑞典、德国、英国做得最好，为国际社会治理碳排放树立了典范，也提

① ［瑞典］克里斯蒂安·阿扎：《气候变化解决方案》，109页，北京，社会科学文献出版社，2012。

供了经验。以瑞典为例，由于广泛使用水力发电、核能发电，瑞典当前的发电是真正的“零碳排放”发电。瑞典还通过开发生物能源、节能等措施，有望在2050年减少75%的碳排放①。

从1972年6月《联合国人类环境宣言》的诞生到2016年《巴黎协定》的生效，总结国际社会走过的近半个世纪的历程，可以看出几乎是全部国际社会成员都在应对气候变化问题上达成了共识。这是宝贵的也是非常难得的，充分印证了在应对气候变化问题上人类利益的一致性。在这些年的历程中，国际社会走出了冷战的阴影，冲破意识形态的壁垒，标志着国际社会更加成熟。应对气候的政策也变得更加柔性和注重实效。建立在自愿和互助基础上的《巴黎协定》应该是国际社会应对气候变化的最佳方案，也是人类社会温室气体减排的路线图。

二、“赔了夫人又折兵”

这里有一个来自中国古典小说《三国演义》的故事，在公元210年前后，汉朝分化为魏、蜀、吴三个小国，吴王孙权听信了大将周瑜的计策，以将其妹许配给蜀王刘备为诱饵，企图在刘备赴吴国迎亲时将其囚禁或者杀害。刘备的谋臣诸葛亮识破了周瑜的计谋，采取大力宣传的对策，使孙刘联姻在吴国家喻户晓，吴国的百姓早就厌恶了战争，为之欢呼雀跃；诸葛亮还积极争取到了孙权岳父、母亲的支持，迫使孙权不得

① ［瑞典］克里斯蒂安·阿扎：《气候变化解决方案》，47-49页，北京，社会科学文献出版社，2012。

不假戏真做，将妹妹嫁给刘备。之后蜀国的军队又多次打败了吴军，故历史上将周瑜的计策称为“赔了夫人又折兵”。之后这一典故被广为应用，用来比喻那些得不偿失的行为。当前的化石能源的使用，与该故事有惊人的相似之处。

人们通常把煤炭、石油和天然气称为化石能源，是从这些物质用作燃料角度认识的。其实这些物质并不仅仅可作能源，还可作为更重要，更有价值的有机化工原料使用。现代社会中，所有的有机化学产品，包括塑料产品、化纤产品，医疗产品、药品、农药，化肥、化妆品、日用品，无不来源于作为有机化工基础原料的石油、天然气和煤炭。生产这些有机化学产品所产生的附加值，要十倍甚至百倍高于用于燃料的附加值。用化石能源作动力，不但将高附加值化为灰烬，还产生了巨大的污染。下面我们来认识一下这些化石能源有多金贵吧。

1. 石油与碳氏家族十兄弟

石油作为燃料，主要是指用作各种发动机或发电、取暖燃料的，从石油中提取的汽油、航空汽油、煤油、柴油和重油等，其副产品还包括润滑油、凡士林、沥青以及可作化工原料的石油醚、石蜡、石油焦等。这是我们目前石油（原油）的主要用途。目前人们的交通运输工具（除了铁路）主要依靠石油产品驱动，而在现代社会中交通运输有如人体的血液循环，是社会生产与生活必不可少的。

石油作为有机化工原料，其对于人类社会的贡献会远远大于作为燃料的石油。这是因为石油所富含的小分子碳氢化合物决定的。现代化学工业将石油化工产品分为碳一、碳二、碳三、碳四、碳五与芳烃类（碳六到碳十）。这“碳氏家族”的十兄弟，不但活力四射，还可以向“孙大圣”那样千变万化，变幻、衍生成各种各样的有机产品，满足了人类大部分的服装、日用品和生产用品。可以说，人类现代生活已经离不开有机化学产品了。

碳一是十兄弟中的老大，但体重与体积却是最小的，其分子中只含有一个碳原子，如一氧化碳、二氧化碳、甲醇、甲醛、甲烷等。以碳一为原料合成化工产品的工艺称作碳一化工。碳一化工的产业链却是最长的，人类生活中熟知的塑料、化肥、农药、有机玻璃、炸药，消毒剂等很多都是甲烷的衍生产品[①]。由此可见，碳一虽然个子小，但在十兄弟中本事最大，变幻出的产品最多，因此也无愧于老大的称号。

碳二是指分子中含有两个碳原子的化合物，包括乙烷、乙烯、乙炔等[②]。碳二的特点是虽然不足碳一的产品链长，但衍生面比碳一宽，因此坐上了第二把交椅。

碳三是指含有三个碳原子的脂肪烃、脂肪族卤化合物、脂肪醇、醚、环氧化合物等，都是重要的化工原料。碳三所衍生的产品包括引发剂、染料、医药、炸药、塑料、合成纤维、橡胶、涂料、乳胶、腈纶、树脂、合成甘油、表面活性剂、稳定剂、聚醚、破乳剂、消泡剂、选矿

---

① 参见蔡世干、王尔菲、李锐著：《石油化工工艺学》，133-134页，北京，中国石化出版社，2012。

② 同上书，第七章。

剂、石油添加剂、脱水剂、香料等数十种门类成千种产品[①]。

碳四、碳五是石化工业的副产品。碳四的衍生物广泛用于合成树脂、医药、香料、农药、涂料、试剂、活性剂、绝缘漆、合成橡胶、黏合剂等[②]。

从碳三到碳五，随着体重的增加，活力在随之减弱，合成衍生的产品需要更多的催化剂、添加剂，但所合成的产品附加值也更高。从碳六到碳十，也被称为芳烃类。其中碳六至碳八为轻芳烃，碳九、碳十为重芳烃。

轻芳烃的衍生物也广泛应用于溶剂、泡沫塑料、人造海绵、橡胶涂料、合成纤维、炸药、药物、涂料、饲料添加剂等。

重芳烃为碳九、碳十，产品在生产高温树脂、特殊涂剂、增塑剂、固化剂等精细化工以及在国防与航天工业等尖端科技领域广泛应用。[③]

如果说从碳三到碳五兄弟的体重开始偏重，到轻芳烃的碳六、碳七、碳八已经是肥胖了，但这几个兄弟是胖而不笨，就像香港电影明星洪金宝，胖但很能打。它们衍生出的产品多数也是重量级的，例如，高分子材料、合成橡胶、合成纤维、合成洗涤剂、表面活性剂、涂料等新型工业生产品。相比之下，碳九、碳十兄弟已经是超度肥胖了，但这两超胖的兄弟经过科学家调教，可以生成应用于国防、航天等高科技产

---

① 参见蔡世干、王尔菲、李锐著：《石油化工工艺学》，第八章，北京，中国石化出版社，2012。

② 同上书，第九章。

③ 同上书，第十章。

品，因此更不可轻看这两位超级胖哥的力量。

2. 天然气

天然气是以烷烃为主的气态烃的混合物，甲烷（碳一）含量在71%～98%；其他还有乙烷（碳二），含量在0.8%～12%；丙烷（碳三），含量在0.06%～11%；丁烷（碳四），含量在0.05%～3.56%；部分地区的天然气含有2%以下的碳五和碳六。也就是说，与石油相比，天然气中主要成分是碳一，只有部分地区天然气中含有不到1%的轻芳烃。天然气中的碳一至碳五的衍生物用作化工原料与石油相同。①

3. 煤炭的产业链

从理论上看，煤化工的产业链长度应该与石油化工一样或者更长。但由于成本、效益等原因，目前煤炭化工还限于一些局部的产业，特别在中国，只有几十种（国外已达到数百种）。中国传统的煤化工包括煤的气化、液化、焦化以及煤焦油的深加工，电石、乙炔化工等。煤焦油的深加工有较长的产业链，虽然煤焦油的一些化工产品具有独特的优势，但许多情况下难以与石油、天然气化工产品竞争。现代煤化工是在传统煤化工的基础之上，发展以煤的气化为龙头，以碳一化工为基础，合成燃料油以及各种碳一的化工产品。现代煤炭化工的基本生产流程包括四个方向：

---

① 参见蔡世干、王尔菲、李锐著：《石油化工工艺学》，第一章，北京，中国石化出版社，2012。

其一，煤焦化方向。煤经过焦化，产生煤焦油、粗苯、焦炉气和焦炭，煤焦油主要产品包括轻油、杂酚油、萘、蒽和沥青等，可以生成下游200余种产品或者原料。

其二，煤气化方向。煤通过气化，产生合成气，合成气可用作制造烯烃；也可生产甲醇、氢气和氨等。此外煤制氢气和驱动燃料电池，是值得关注的新趋势。

其三，煤液化方向。目前煤液化方向主要瞄准煤制油。从煤化工的角度看，液化后可生产低碳混合醇、二甲醚等。

其四，煤电联产方向。首先将煤气化，产生净化合成气，该气用于峰荷发电和调峰发电；或者用于合成甲醇，再由甲醇制造二甲醚、醋酸等。

4. 现在后悔还来得及

综上，我们可以看出，所谓化石能源的石油、天然气与煤炭，作为能源使用，虽然解决了现阶段人类对于能源的大部分需求，使人类享有表面的繁荣与富足，但所造成的却是对全人类乃至地球生物圈的双重危害：既浪费了宝贵的化工原料资源，又造成了碳排放污染，因燃烧带来的温室气体污染，将会把人类社会带入巨大的生态灾难之中。真可谓是“赔了夫人又折兵”。当年孙权只有一个妹妹，也是不可再生的亲情资源。吴王此举不但使爱将周瑜负气身亡，还使妹妹抑郁而死。而太阳公公和地球母亲经过近百亿年的劳作，留给人类的化石能源也是不可再生的，人类社会如果像目前的使用石油、天然气，用不了几十年就会枯竭；而煤炭也用不了几百年就会面临告罄。宝贵的碳资源，就这样被现代人类不负责任地挥霍着，其结果将是比吴王孙权经历的还要过之的悲剧。

也许在一千年后，或者还更近一些的年代，当化石燃料彻底从地球上消失，人类的后代不得不进入从太阳能、水和空气人工合成有机化学的原料碳氢化合物的时代。那时的化石能源可能只存在于教科书或者历史书中关于“化石能源时代”的记载中，当人们怀念这种廉价的有机化学原料时，也会对我们这个时代人类因幼稚和不负责任浪费化石能源感到惋惜，就像我们看待古人们的刀耕火种一样，为了收获一兜麦子而不惜烧毁整座森林。虽然说世界上没有卖后悔药的，但如果我们从现在起不再糟蹋化石能源，将其保护起来，尽可能多地留给后代，同时也将蓝天白云留给他们，也许后代会对我们另眼相看。

三、 化石能源不是白给的

1. 化石能源的生产能耗

化石能源的开采、运输都要通过消耗其他能源实现。以煤炭为例，煤炭开采分为井下开采和露天开采。井下开采需要建设矿井，安装机器设备；露天开采需要剥离大量土石方。另外，还有配套建设供应设备，运输设备，道路，管网，以及生活设施、后勤保障设施。井下开采需要大量电力；而露天开采机器设备主要靠内燃机驱动。从坑口到煤炭用户(坑口电厂除外)，一般要经过汽运、铁路、水运等多个环节。煤炭运输也要耗费大量电力和燃油。由此可见，煤炭产运过程，除了会产生经济成本之外，其本身也存在着严重碳排放问题。

煤炭不仅在作为能源使用中会产生污染，就其生产与运输本身，也会有巨大的环境破坏与污染存在。这些问题在以往研究中多被忽略，被燃烧产生的碳排放所遮蔽，成为“灯下黑”。

其一，煤炭开采对于水资源的影响，包括对亿万年形成的地表和地下水循环系统破坏。井下煤炭开采中对于井下出水排泄，会导致地下水位下降，地下水断流，地表水源枯竭，植被干枯，土地沙漠化。特别是煤炭露天开采，对于生态破坏更是毁灭性的。另外煤炭开采中排放的酸性的，含硫、酚和煤炭粉尘的污水，还会对江河造成污染[①]。

其二，煤炭开采对于土地资源影响。煤炭井下开采多数会造成地面沉降，地表塌陷，大面积毁坏村庄和农田，并形成山体滑坡隐患。据统计，中国因煤炭开采造成的地面沉降达 45 亿平方米，合 675 万亩，其中半数为耕地。此外还有煤矿开采后矸石堆放，也占用大量土地[②]。

其三，煤炭开采对大气的污染。主要是指井下瓦斯气体（煤层气排放和露天堆放的煤矸石自燃释放的气体）。井下瓦斯气体以甲烷为主，中国每年排放量在 70 亿～90 亿立方米，该气体产生温室效应是二氧化碳 20 倍。煤矸石自燃形成二氧化硫、二氧化碳、一氧化碳等，不仅是温室气体，还会对于周边动植物、居民造成危害。据有关测算，中国煤矸石排放的温室气体相当于煤炭使用排放的 15%～20%[③]。以往统计数

① 参见李润东、可欣主编：《能源与环境概论》，44-45 页，北京，化学工业出版社，2013。

② 同上书，45 页。

③ 同上。

据中的碳排放，并没有将上述排放统计进去，如果加上，中国每年碳排放数量还应增加。

其四，煤炭存放、运输中的环境污染。主要是指煤炭在存放、运输途中挥发和遗撒、粉尘对于环境的影响。据估算，遗撒与粉尘损失占煤炭总量1%，也就是说如果以30亿吨计算，中国每年遗撒损失的煤炭3000万吨以上。这些遗撒和粉尘对于包括运输线和仓储污染极大[①]。

由此可见，在煤炭生产、运输过程中，所产生的污染并不比煤炭使用中逊色。只是在过去人们把治理污染注意力集中在煤炭使用方面，煤炭在生产与运输环节这一巨大的污染漏洞并没有引起人们足够的重视。

2. 化石能源的生产风险

煤炭生产死亡率和职业病（尘肺病）是困扰煤炭行业两个难题。据有关资料统计，中国煤炭生产死亡率近年得到有效控制，从2005年的百万吨2.81的死亡率，到2013年的0.293（实际死亡、失踪1067人），减少了近九成。但仍是美国同期10倍[②]。另外中国尘肺病患者目前已经确诊100余万人，据民间组织估算约600万人[③]。煤炭生产造成尘肺

① 参见李润东、可欣主编：《能源与环境概论》，45-46页，北京，化学工业出版社，2013。

② 2014年1月9日，国务院举办新闻发布会，公布2013年百万吨死亡率为0.293人，历史上首次降到0.3以下，但仍是发达国家的10倍。

③ 参见网易财经2013年3月4日讯，全国人大代表谢子龙提交《关于切实解决尘肺病农民工医疗和生活救助问题的建议》。2015年CCTV《焦点访谈》“尘肺病人打折的赔偿金”。2011年，CCTV《焦点访谈》“尘肺之痛”。

病比例有多大，据有关专家研究，一线在岗煤炭生产工人为 5.9%；在退休煤炭工人中达到 44.3%[①]。另据中国法律网报道：全国煤矿有 265 万接尘人员，每年有 5.7 万人患上尘肺病，每年因尘肺病死亡人数在 6000 人以上[②]。煤炭生产的死亡率和尘肺病，不仅给死者家属和患者造成巨大身心痛苦，也造成巨大经济损失，并引发了一系列严重社会问题。

除了煤炭之外，其他化石能源的开采和使用，也同样存在很高的成本和代价。就石油天然气的开采而言，需要从几千米的深处钻探和抽取，还需要车辆、船只或者管道运输。美国等国家近年兴起的页岩气的开采，更需要大量的资金和复杂的设备，而且耗费大量的淡水资源，开采后的生态环境破坏情况如何，还有待于进一步观察。近年来由于陆地浅层石油、天然气资源告罄，人们向更深的地层钻探，向海洋索取油气资源，其成本和费用越来越高。特别是在海上的石油运输和开采，一旦发生泄漏事故，会造成新的生态灾难。例如，2011 年 6 月中国渤海湾油田两个钻井平台发生漏油事故，致使周别 840 平方千米的海水受到污染。再如 2010 年 4 月，英国位于墨西哥湾的一处钻井平台发生爆炸，致使每天有近十万桶原油泄漏，2500 平方千米的海面被原油覆盖，鱼类、鸟类大量死亡，美国总统奥巴马称为堪比“9·11”恐怖袭击的生态灾难。除此之外，还有 1989 年埃克森美孚石油公司油轮在阿拉斯加湾漏油事故，致使 4000 多平方千米海水被覆盖，清理费用达 20 亿美

① 参见刘玉贵、雷振燕：《某煤炭生产企业尘肺病调查》，《中国城乡企业卫生》，2013 (5)。

② 2010 年 11 月 11 日《中国法律网》，“我国每年 6000 余煤矿工人死于尘肺病”。

元。如此严重的海洋石油泄漏事故，像核泄漏事故一样令人畏惧。

四、 化石能源的终结者

从理论上讲，人类社会如果从今开始停止使用化石能源，就会遏制地球温室效应的增长，地球有望会逐步“降温”，回复到工业革命初期的状态。但这在现实生活中是难以实现的，人类只能退而求其次，即通过节能减排来控制或者逐步减少碳排放，以期减缓地球升温的速度。在此基础上，通过发展科技，逐步发展和寻求替代化石能源的新能源，使化石能源彻底退出能源领域。只有石油、天然气和煤炭以及其他碳氢化合物不再被人们作为能源使用之时，才可能是地球温室效应威胁的解除之日。那么替代化石能源的新能源又是何方神圣呢？

1. 从战争阴影走出的核能

1869 年 6 月 19 日，俄国科学家门捷列夫在前人研究的基础上，发现了化学元素周期律，并进而排出化学元素周期表，解开了这个组成的世界基本元素的秘密。爱因斯坦在 20 世纪初发表了相对论，其著名的质能方程式：$E = mc^2$①，揭示了原子的裂变和聚变所产生的巨大能量，爱因斯坦“二战”期间建议罗斯福总统研制原子弹，罗斯福接受了爱因斯坦的建议，加快了研制原子弹的进程。1945 年，在德国投降后的两

① 即能量（E）等于质量（m）乘以光速（c）的平方，爱因斯坦这一方程式揭示了原子能的来源。

个月，美国终于制造出三颗原子弹，名为“瘦子”“胖子”和“小男孩”。除了一颗用于试爆，其余两颗分别于8月6日、8月9日投放于日本的广岛和长崎，造成这两个城市的毁灭和数十万人口的死亡。日本旋即与8月15日宣布无条件投降。原子弹的巨大破坏和杀伤后果，显然是爱因斯坦和研制原子弹的科学家不愿看到的。但西方历史学家认为，鉴于日本当局宣称牺牲5000万军民保卫日本，美国自己估计占领日本需要付出100万士兵生命的代价，牺牲了两个城市数十万人换取日本的屈服也有其历史的合理性，然而日本人或许不会这么想，后人或许也不会认可。但不论历史如何评价，人类首次使用核武器于战争所刻下的历史痕迹是永远不可磨灭的。“冷战”期间制造出大量的原子弹、氢弹等核武器，其巨大破坏力成为威胁人类社会存亡的噩梦[①]。但这种产生巨大能量的现象同时也为人类和平利用核能开启了大门。从能源战略来讲，人类对于核能的利用主要是生产动力，作为替代化石能源的一个方面。目前这种替代主要是发电（也不排除用于驱动或者制热）。

核能包括铀的核裂变和氢的核聚变，虽然二者在制造武器（原子弹、氢弹）方面已经发展到了成熟阶段，但在发电方面，目前只有核裂变发电有了成熟的实用技术；核聚变发电还正在研究试验期间。从理论上讲，核电可以完全取代化石能源或者其他能源，尤其是核聚变发电，辐射在容易控制的范围内[②]，而核聚变的材料，可以从海水中提取，因而不存在原料紧缺问题。

---

① 1945年7月16日，第一颗原子弹在美国试爆成功到目前世界上有九个国家拥有核武器，这些核武器的破坏力足以使全世界被毁灭数次。

② 氚的半衰期为12.5年，相对要比铀数亿年的半衰期，要好处理许多。

当前正在运行的核裂变发电，是通过在反应堆中核燃料（铀）的封闭运行（也称核锅炉）产生热能，进而带动汽轮机发电。反应堆具有严格的防辐射、防泄漏保护设施，其设计在理论上可以保证在任何想象到的自然危害情况下安全运行和不泄漏，但也有例外①。日本东京大地震也是对经过切尔诺贝利阵痛，逐步复苏的核电事业的又一次“地震”式的打击。数年来人们经过对核电安全的重新反省和整顿，出于对碳排放污染的担忧和未来前景的向往，仍然不能抵抗核电的诱惑，核电设计采用了更为严格的安全和防范，以及有效的救助措施。新一轮的核电建设有望更大规模在更多的国家启动。

(1) 核裂变发电。目前进入商业化的核裂变发电包括下列几种模式，这几种模式其实也是在循序渐进发展的几个阶段上的产物。

其一，重水堆。以天然铀为原料，采用重水冷却剂，通过热交换器产生蒸汽推动汽轮机发电。重水堆的优点是慢化性能好，燃烧彻底，节约原料，并产生同位素钴 60，广泛应用于放射医疗和农业育种；其缺点是重水造价高，反应堆体积大，建造费用高，发电成本也高②。

其二，轻水堆。以普通水为冷却剂和慢化剂，轻水堆又分为压水堆和沸水堆两种：压水堆是由主泵把高压冷却水送入反应堆，由于高压，冷却水在 300 摄氏度也不会气化。高压冷却水把核燃料放出的热量带出反应堆，经过热交换器，在二路回水中产生蒸汽，带动汽轮机发电。沸

---

① 发生在 2011 年 3 月 11 日的日本东京大地震引发的严重核泄漏，是因为海水淹没了三套备用发电冷却系统所致。

② 参见张灿勇、马鸣礼主编：《核能即新能源发电技术》，第一章“核能发电技术”，北京，中国电力出版社，2009。

水堆是直接以沸腾普通水在反应堆内产生饱和蒸汽，通过水汽分离装置和蒸汽干燥器将蒸汽分离出来，推动汽轮机发电。

其三，气冷堆。气冷堆以二氧化碳或者氦气作为冷却剂来将反应堆内热量传导至热交换器，在二路回水中产生蒸汽，带动汽轮机发电。未来气冷堆除了用于发电，还可以通过高温热工艺技术，可用于大型冶金、水泥、化工等。因此，第三代气冷堆，即高温气冷堆，不仅是当前核裂变发电的佼佼者，也具有广泛的热工艺前途①。

其四，快中子反应堆（简称快堆）。快堆的原理就是使钚239裂变释放的中子被铀238俘获，生成钚239，进而参加裂变反应，新生的钚239大于消耗的钚239，从而使裂变核燃料增加。从理论上讲，快堆核发电可以将所有的铀原料消耗掉，但考虑到各种损耗，保守的计算快堆可以将铀原料的利用率提高到60%～70%，可见快堆要比其他2%的铀原料利用率提高了数十倍。虽然快堆核发电目前在世界上占极少的比例，但具有巨大的发展潜力②。

世界核电发展并没有因为切尔诺贝利和东京地震的灾难而止步不前，而是在这些教训的基础上向更完备发展。当今世界核电发展趋势如下：提高安全性、改善经济性；延长在役核电站的使用寿命；单机容量向大型化发展；采用非动能安全系统、简化系统、减少设备，提高安全性；数字化和模块化；发展快堆技术，建立封闭式核燃料循环系统；模块化高温气堆设计。

① 参见陈军、陶占良编著：《能源化学》，221-222页，北京，化学工业出版社，2014。

② 同上。

科学界将当前的核裂变反应堆的发展演进分为四代：第一代是指20世纪50～60年代，世界上建造的第一批原型核电站；第二代是指20世纪60～70年代建造的600～1400MW的标准核电站，反应堆包括压水堆、沸水堆和重水堆，是当前运行的核电站的主体；第三代20世纪80～90年代建造的轻水堆核电站以及之后在安全性、经济性方面的改进型三代加；第四代属于更加安全、经济和节约燃料、减少废料和防扩散型的快堆，包括闭合燃料循环和热量综合利用①。

目前世界核电站（核裂变）的发电比例占到6%，主要依靠的还是化石能源的石油（36%）、天然气（23%）和煤炭（28%），但近十年来核电增加明显。此外核电在各国发展也不平衡，法国核电比例占到39%，另外超过10%的国家还有德国、韩国和日本。另外超过世界平均值6%的还有英国、美国和俄罗斯。中国核电目前只有近2%，计划在2020年达到4%②。

核裂变发电的优势在于：全世界铀矿分布广阔，铀价格目前不贵；核裂变燃料需求量比化石燃料少得多；不需要氧气，可置于地下或水下；不会产生温室气体污染，可以帮助人类摆脱对化石能源的依赖。

核裂变发电缺点在于：原料开采和浓缩会对人体和环境有放射性污染；核废料的处理会产生环境污染和社会问题；一旦发生核事故或者人为破坏，会造成灾难性后果；核电站所在地的民众和社会公众普遍的忧虑。③

---

① 参见陈军、陶占良编著：《能源化学》，223-226页，北京，化学工业出版社，2014。

② 参见国务院2007年制定《国家核电发展专题规划（2005—2020年）》。

③ 参见赵青阳：《可替代能源揭秘》，赵明姝译，221-223页，北京，机械工业出版社，2014。

(2) 核聚变发电。核聚变发电显然是受到太阳核聚变的启示。由于太阳巨大质量所产生引力，使其内核产生强大压力，从而产生高温导致氢聚变，释放出巨大能量，并以光子形式向外传播。太阳核聚变是氢的三级聚变，第一级，是两个氢原子聚变成氢的同位素氘，氘含有一个质子和一个中子；第二级，一个氘原子与一个氢原子聚变，生成氦-3，含有两个质子和一个中子并释放伽马射线；第三级，两个氦-3 原子聚变成一个氦-4 原子，具有两个质子和两个中子。①

核聚变释放的能量是核裂变的 4 倍，但并不是自然界中所有的原子都能在现有的科技条件下达到聚变。目前人类科学所认识和掌握的可产生核聚变物质只有氢的同位素氘与氚，也就是太阳上 150 多亿年来不断发生的核聚变。氢同位素的核聚变包括四种方式：氘与氘聚变，生成氚；氘与氚聚变，生成氦-3；氘与氦-3 聚变，生成氦-4；核聚变基本原料氘，可以从海水中提取，全世界海水中含有氘达 40 万亿吨，而一公斤氘参加核聚变，可以放出的能量相当于 1 万吨标准煤。以我国每年消耗电煤 20 亿吨计算，如果全部用核聚变发电代替，只用 2000 吨氘就满足了。考虑到未来，全世界全部用核聚变代替所有能源，每年 4 万吨氘足够用。如此计算，地球上的氘可以提供人类近 10 亿年的能源使用，由此可见其是取之不尽用之不竭的。②

核聚变除了能量大，原料充足优点之外，还具有低辐射（中间产生的氚虽有辐射，但大部分在反应中消耗掉了，且半衰期只有十余年，比

---

① 参见赵青阳：《可替代能源揭秘》，赵明姝译，223-225 页，北京，机械工业出版社，2014。

② 参见陈军、陶占良编著《能源化学》，209-210 页，北京，化学工业出版社，2014。

较好处理)，安全性好（由于是在高温环境下反应，一旦某一环节出现故障，就会失去高温，反应随之停止）的特点。因此，核聚变有望成为未来人类社会的主要能源。

由于核聚变需要有上亿度超高温，在超高温的条件下，一切物质都变成等离子体存在，等离子体也称物质的第四态，核聚变就在该等离子体状态下完成，该高温等离子体也称聚变等离子体，不同于其他形态的等离子体。如何取得核聚变需要的高温，用什么设备保持高温并使氘在其中反应，这是建立核聚变反应堆的最大难题，也可能是世界上最昂贵的设备。

早在 20 世纪 50～60 年代，苏联科学家发明了名为托克马克（Tokamak）核聚变试验装置，是一个由环形真空磁线圈构成受控核聚变组合体。其基本原理就是在环形真空室外的线圈经通电后产生巨大的螺旋型磁场，将其中的聚变元素氘、氚等加热到聚变的临界等离子状态，从而产生聚变。20 世纪 60 年代后，托克马克核聚变装置被世界普遍接受，各国相继建造了类似的装置，这些国家包括美国、法国、英国、日本与德国，中国也在 2006 年建成了新一代的全超导热核聚变装置，名为 EAST。

国际热核聚变试验计划（International Thermonuclear Experimental Reactor）简称 ITER，由欧盟、中国、韩国、俄罗斯、日本、印度和美国参加，建造需 10 年，投资 50 亿美元，俗称“小太阳”。经各方在 2005 年 6 月商定，选址在法国卡达拉舍。ITER 可以说是在聚变能的科学可行性得到各国试验论证基础上，开展大规模核聚变的一个试验堆。ITER 试验目标是建造最先进的托克马克装置，把上亿度高温的氘、氚组成的等离子体约束在800余立方米磁笼中，产生50万千瓦聚变能，虽然其功率只相当于一个小型热电站的发电量，但这将是人类历史上首次获得持续的，实用型核聚变发电能量。通过对于ITER试验性运作，可望在此基础上设计并建造出核聚变示范发电站，进而催生商业化核聚变发电的实现。

ITET基本结构是一个大规模（迄今为止是世界上最大的）的超导托克马克。整个体系不仅代表着国际社会核聚变能源研究的最新成果，也综合世界各相关领域的顶尖技术，诸如大型超导磁体技术；中能高流强加速技术；连续、大功率毫米波技术；复杂远程控制技术；高智能机器人技术等。

国际热核聚变实验堆计划可以认为是人类向核聚变能源进军的一个里程碑式举措，也是各国打破了意识形态和科学技术壁垒进行合作的一个新起点。如果按照这样进度发展下去，到21世纪50年代，核聚变发电就可望进入商业化运行，发电成本会低于火电，到21世纪末，核聚变发电可望成为人类能源的主要来源，有望全面淘汰化石能源发电和逐步取代核裂变发电。

未来的核聚变能源除了主要用作发电之外，还可以广泛用于冶金、水泥、化工等领域。此外，还可用于海水淡化、制氢等。

随着科学技术不断发展进步，人类认识在不断深化，也许在核聚变方面，还会有新的发现和创造，托克马克模式只是其中一个选择。除了高温条件之外，人类还会发现有其他促成核聚变的条件或者因素，诸如速度、压强、电压等，也许创造这些条件的装备还要比超导托克马克设备更简单和廉价。

由此可见，如果不受政治、宗教等不稳定因素的影响，在国际社会的共同努力下，热核聚变能量反应堆的建设及其应用将在未来一个世纪中得到广泛发展和提升，将彻底取代化石能源以及其他碳排放能源，进而也取代核裂变能源，成为人类主要的、廉价的、永不枯竭的能源。

2. 万物普照的太阳能

人类对于太阳能认识和利用几乎与人类进化同步。人类从最早利用阳光晾晒食物、衣物、燃料，制盐，制作陶器，用晾干的泥板书写文字、记事等。在近现代，人类利用太阳能制热、制冷、发电。诸如太阳能热水器，太阳能电池等，已经进入人们的一般生活之中。近年来由于人们对于化石能源产生碳排放污染认识加深，太阳能发电被提上了人类未来能源的发展日程，各国政府，特别是发达国家，都把鼓励和补贴太阳能发电列为可再生能源发展的战略重点。

如果说用于核聚变的氘是人类可以从海水里取之不尽的原料，那么从太阳直接、恒定地输送到地球的太阳能，更是不用提取就可得到用之不竭的现成能量。太阳能究竟有多少，有关专家做了比较：地球陆地每年所接受的太阳能约为 85000TW，而目前全球每年能源总消耗量是 15TW，后者是前者的五千分之一不到[①]。与其他可再生能源相比，风能每年约 72TW，地热能约 44TW，河流水能约 7TW，生物能约 7TW，海能约 14TW。几项合计，也只能达到太阳能的六百分之一。

如此廉价和庞大的太阳能，为什么不能被人类广泛利用？其主要原

① 参见杨金焕主编：《太阳能光伏发电应用技术》第二版，“太阳能发电的特点”，第一章，第二节，北京，电子工业出版社，2014。

因有二：一是太阳能的单位密度低，收集占地面积大且成本高；二是地面接受太阳能的条件具有间歇性和随机性，如昼夜和阴雨气候。这两个原因导致了：(1) 人类利用太阳能需要提高收集效率和降低收集成本；(2) 太阳能不可能完全取代化石燃料或其他能源，成为人类的唯一能源。即使未来太阳能发电成本降到远低于化石能源，也需要其他能源发电作为必要补充。①

太阳能发电可以分为太阳能热发电和太阳能光伏发电。太阳能热发电就是通过聚焦的方法，把太阳光聚到集热器，产生蒸汽，推动汽轮机发电；太阳能光伏发电就是通过太阳光直接照射或者聚焦到光伏元件上，产生电流，光伏发电也称太阳能电池。目前太阳能热发电还尚未达到大规模商业应用。而太阳能光伏发电已经在全世界得到广泛应用，大到太阳能光伏发电场，小到家用房顶、墙面太阳能光伏发电，在各国政府的扶持下，发展迅速。光伏发电也由此在人们的观念中与太阳能发电等同起来。太阳能光伏发电包括三种类型，这三种类型实际上也是三个发展阶段的产物：

(1) 太阳能电池板发电。将固定在表面上的半导体元件置于太阳光的照射之下，产生电流，称为太阳能电池。半导体元件可以用硅、锗、硒等半导体元素制造，也可以用上述元素的化合物，如砷化镓、碲化镉、铜铟镓硒等制造。太阳能电池可以分为硅太阳能电池和化合物太阳能电池两类：

---

① 参见杨金焕主编：《太阳能光伏发电应用技术》第二版，“太阳能发电的特点”，第一章，第二节，北京，电子工业出版社，2014。

其一，硅太阳能电池，包括单晶硅太阳能电池；多晶硅太阳能电池；非晶硅太阳能电池和微晶硅太阳能电池。[①]。

其二，化合物太阳能电池，即以化合物半导体材料制成太阳能电池，目前包括单晶化合物太阳能电池和多晶化合物太阳能电池两种。[②]

(2) 薄膜太阳能电池发电。薄膜太阳能电池在解决了其稳定性、转换率的问题后，低成本、制作工艺简单，耐高温性能等优势就显示出来，从而使发电成本也逐步接近化石能源，因此商业化应用潜力巨大。薄膜太阳能电池包括以下几种发展类型[③]：

其一，非晶硅薄膜太阳能电池。为了解决稳定性和转换率低问题，人们使用非晶硅/微晶硅结构，以及多层、复合材料结构，如硅/锗，硅/微等。

其二，碲化镉薄膜太阳能电池。碲化镉材料无论从转换率还是稳定性方面都高于非晶硅材料。但镉元素的毒性限制了其发展。在解决了使用安全问题后，发展潜力巨大。

其三，铜铟镓硒薄膜太阳能电池。铜铟镓硒薄膜太阳能电池优点是转换率高，适合薄膜化，不足是制造工艺复杂，大规模商业化应用有待于规模化生产和打破商业垄断。

其四，其他薄膜太阳能电池。包括染料敏化太阳能电池、即模仿光

---

① 参见杨金焕主编：《太阳能光伏发电应用技术》，第3.1.1，北京，电子工业出版社，2014。

② 同上。

③ 同上书，第四章。

合作用的太阳能电池、有机半导体薄膜太阳能电池等，目前还处于实验室阶段，制作工艺还在完善和改进之中。

薄膜太阳能电池是一个新的，同时具有发展潜力的趋势，就是建筑材料化。试想如果将来所有人类建筑物外表面都成为太阳能发电薄膜载体，具有发电功能，人类能源结构将产生革命性变化。

(3) 聚光太阳能电池发电。也称聚光光伏发电，其基本原理就是利用聚光材料与设备，将太阳光汇聚到光伏发电元件上，使单位面积上光强度成倍或者更大倍数增强，进而提高光伏原件的光电输出率。与普通光伏发电相比，聚光设备成本要低于光伏原件成本，在运行时还可节约用水，对于在沙漠地区太阳能光伏发电，尤为重要。

目前最好的聚光光伏发电转换率为 29%；而最好的晶体硅光伏发电转换率是 22%，前者成本约为 9.5 美分 /度，后者成本约为 13.5 美分 /度。科学家预测，下一代聚光光伏发电成本将低于 5 美分 /度。[①]这样的成本应该与石化能源发电的成本持平或者低一些。如果考虑到碳排放污染因素，现在 9.5 美分的成本也是可以接受的。

另一种太阳能光伏电池是Ⅲ-V 族多结太阳能光伏电池，适合中、高倍聚光发电使用。Ⅲ-V 族多结电池是利用元素周期表中的Ⅲ-V 族半导体材料制成的含有多个 P-N 结的光伏原件，具有耐高温、抗老化和转化率高多个优点，其转换率可超过 50%（理论可达 68%）。目前进行商业化生产的这类光伏发电原件包括锗、砷铟镓（或砷化镓），镓铟

① 参见杨金焕主编：《太阳能光伏发电应用技术》，第 5 章 103 页，北京，电子工业出版社，2014。

磷几种模式[①]。

从理论上讲，太阳能巨大能量供人类使用是绰绰有余的。但由于太阳能的间歇性、不平衡性、不规则性和控制不随意性等特点，与人类能源需求产生差异。具体到利用太阳能发电，会因为上述原因而产生更多输送、错峰和经济性等供需平衡方面的问题。上述因素决定了太阳能发电虽然可以成为人类能源的主力军，但不能是唯一的，能够完全满足人类各种需求的能源。人类在使用太阳能发电的同时，还需要有其他可控制的、稳定的能源补充。

未来光伏太阳能发电的发展，会循着两个方向：一是离网系统，即不与电网连接完全靠太阳能光伏供电的独立系统。如太阳能水泵、太阳能通讯电源、太阳能航标灯、太阳能计算器、太阳能手表、太阳能路灯等，以及处在试验阶段的太阳能汽车、太阳能飞机、太阳能游船、太阳能房屋等。利用太阳能制氢，再利用氢驱动移动动力设备，这是未来太阳能离网发电的新趋势。二是并网系统，即与电网连接的太阳能光伏发电系统，包括两类：一类是商业化大型太阳能发电场，目前主流仍是太阳能晶硅电池板，但太阳能薄膜和聚光太阳能发电正在异军突起，以其高效能、低成本优势逐步占据市场；另一类是建筑物表面太阳能发电，这类发电设计为给本建筑物供电，多余的电力供给电网，不足的电力由电网补充。这类发电的未来发展是光伏和建筑一体化，并由国家强制规定为建筑物的标准化规范。

---

① 参见杨金焕主编：《太阳能光伏发电应用技术》，第 5 章 106 页，北京，电子工业出版社，2014。

太阳能光伏发电能否进入商业化，取代化石能源的两个关键因素是发电成本和投资回收。有关专家测算，光伏发电成本到2030年可望与化石能源持平，到2050年，可望低于化石能源。如果考虑到碳排放的成本，持平和低于的时间应提前10年以上。①

3. 背着环境十字架的水能

水从高水位向低水位流动所产生的能量即水能，水能大小与水位海拔高度以及水量成正比例关系。人们利用设备将水能转化为电能，即水力发电。通常所说水能和水力发电，是指在陆地上淡水流动产生的能量和利用该水流发电。至于人们利用海水能量（如海流、潮汐）的发电，被称作海能和海能发电。

由于地球陆地复杂的地理环境，水资源即水能分布极不均衡。水能之大小，主要与海拔高度和降雨量有关。有关资料统计，全世界水能储量约为40万亿～50万亿度/年，技术可开发储量为14万亿度/年。2014年全世界总发电量为23万亿度，如果将全世界水能储量60%用于发电，将会解决世界三分之一电力需求，可见水力发电潜力之大。以中国为例，水能储量居世界第一，总量约7万亿度/年，技术可开发储量为5万亿度/年，2014年中国水力发电装机量1.4万亿度，实际发电超过1万亿度，占全国发电总量19%。如果以可开发储量60%计算，我国水力发电量可达3.3万亿度/年，相当于全国发电量60%。

---

① 参见杨金焕主编：《太阳能光伏发电应用技术》，第11章，北京，电子工业出版社，2014。

(1) 水力发电类型[①]。水力发电站分为大型、中型和小型三种，按照中国分类，装机容量在2.5万千瓦以下为小型水电站；装机容量在25万千瓦以上为大型水电站。目前全世界大型、特大型水电站发展迅速，成为水力发电主力军。在大型水电站发展同时，各国也很重视小型水电站建设。小型水电站突出优点是投资小见效快，特别是以电代柴，有利于保护江河上游森林和植被。小型水电站的缺点是发电量受季节影响，难以远距离输送。

(2) 水力发电储能。水力发电除了生产电力外，还被用来储存多余的电力。由于社会用电的不平衡性（如昼夜、冬夏、工作日与休息日等）与电力生产的调节误差，总有一些多余电力被浪费。为了减少浪费，人们设计了抽水蓄能发电系统，利用电网多余电力将水从低水位抽到高水位，在电网缺少电力时，及时启动发电，补充电网电力。由于抽水蓄能发电的可控性，因此能起到平衡电网电力的作用。

抽水蓄能发电效能损失是巨大的，从世界范围看，效率最高可以达到72%[②]，但一般情况下，如果考虑到水的蒸发与渗透流失等因素，以及抽水蓄能发电本身的损耗，能达到50%应该是比较理想的了，但相比在用电低峰时白白浪费电力，能将该电力的50%通过抽水节能用于补充高峰时用电需求，本身的效益应远大于50%的电力补充。

(3) 未来水力发电趋势。水力发电虽然具有投资回报稳定，维护费用低廉优点，且可以大规模替代化石能源发电，加之价格低，因此最具

---

① 参见何一鸣、钱显毅、刘龙春著：《可再生能源及其发电技术》，第七章“水能及其发电技术”，北京，北京交通大学出版社，2013。

② 同上书，248页。

商业化运作条件，是减少碳排放的最好替代能源。但水电站对江河生态环境破坏也是严重的。试想如果世界上所有江河溪流都被大小水力发电设施占领，变成一座座水坝和梯级水库，江河美丽自然景观将不复存在。鱼类自然洄游与繁殖也会被阻断。加之大型水坝所引发生态环境的改变和地质灾害的威胁，世界上许多超大型水电站也一直是环保主义者抨击的目标。出于环保目的水电建设本身又受到环保主义者诟病，成为现代人类生活另一个怪圈，也可以说看作人类在治理污染征途上面临的新挑战。

人类的新课题是，在发展水电同时，应该解决好与环境和谐相处问题，发展环境友好型水电，或者兼顾生态环境的保护。该课题虽然近乎是二难推理，但相信人类智慧与创造力会给出完美答案。对于水电未来发展趋势的预期是：在环境友好前提下的水力发电，不仅可替代绝大部分化石能源，还可通过抽水蓄能电站，发挥电网峰谷调节器的作用，使电网效能优化。

4. 飘忽不定的风能

由于地球表面与太阳距离不同，以及地球运动自身偏转，地球表面受热不均衡，从而产生地球的大气环流运动。大气环流表现为季风、海陆风、山谷风等形式，这些风产生的能量就是风能。人们利用风能进行生产与生活活动，古之有之，例如，著名的荷兰风车、中国风力车水、磨面等。现代社会风力主要被用来发电，人们所称风力资源，也主要是从可用来发电的基点出发对于风力分布和预期能量测算。

全世界风力资源有多少，世界气象组织在 20 世纪 50 年代的测算，是可利用水力资源的 10 倍[①]。全球风力资源较为集中的地区包括：各大陆沿海地区、欧洲大陆、东亚、中亚、阿拉伯半岛、北非、澳大利亚、北美特别是美国大陆、加勒比海等。中国的三北地区和沿海也是风力资源富集地区。

风力发电包括独立运行和并网两种：独立运行风力发电是小型、微型风力发电，一般采用直供或者直供与蓄电结合，多为一台风力发电机构成一个独立发电、供电系统，发电机功率小于 1 千瓦（甚至只有几十瓦），用于偏远地区的独立用户、路灯、航标、电信发射塔等。并网运行风力发电一般都是大型或者特大型风力发电，由数十或者成百上千台风力发电机组成，单台发电机的功率大于 1 千瓦，或者更大。目前世界上特大型风力发电场并不罕见。

风力发电最大缺点就是受风能不确定性和不平衡性的制约，即风或有或无、或大或小，加之受白昼、季节以及气候影响。人们想了很多办法解决这一问题，例如，用在小型风电设施上安装蓄电池、飞轮储能、氢燃料电池储能以及风光互补发电等。大型并网风力发电，利用电网自身的调峰发电厂，抽水蓄能发电厂等调峰发电，填补低风、无风时发电缺口。

未来风力发电趋势是向大型化发展，在季风、海风相对稳定地区建立大型风力发电基地，如美国西部海岸，荷兰、挪威、印度以及中国三北和沿海地区，并建立调峰发电厂与之配套。在有条件的地方，利用特

① 参见何一鸣、钱显毅、刘龙春著：《可再生能源及其发电技术》，91 页，北京，北京交通大学出版社，2013。

高压电网，将风力、太阳能和水力发电联网，形成风、光、水的互补机制，减少调峰电厂压力。

利用风力发电制氢，也是未来一个优化选择。特别是一些偏远山区、沙漠，在局部风资源丰富但没有建立大型风电场情况下，建立电网并不经济，但建立独立运行的风电制氢体系，风大时多制，风小时少制，既不需要调峰，也无须输出电力，只要将制好的氢气运出就OK了。

5. 可望而不可即的地热能

地球是由大气层、地壳、地幔和地核四部分单向包裹组成。地球直径约12000公里，地核直径约6100余公里，地幔厚度约2900余公里，地壳只有17～33公里，相比之下，地壳有如一个薄薄的鸡蛋壳。地壳表面由70%的水和30%的陆地构成，人类以及地球所有生物以此为生活空间。地表之下直到地核的中心，其温度和压力与地表的距离成正比，地核中心温度高达6000摄氏度，其压力达到350万个大气压。在距地表15～20米的温度是随着受太阳辐射变化而变化的，科学家称其为变温带；在地表之下20～30米的温度几乎不变，称为恒温带；在地表30米之下，温度随着深度的增加而增加①，称为增温带。

① 参见何一鸣、钱显毅、刘龙春著:《可再生能源及其发电技术》，177页，北京，北京交通大学出版社，2013。

由于地球运动不平衡性，地壳板块与板块之间以及与地幔的作用力，致使地幔的高温物质通过板块裂隙向地表释放，从而产生了地球表面的火山、温泉和地热现象。人类采集这些热能，用来发电或者生活，即对地热的应用。地热能究竟有多少？据有关专家估计，约为全世界煤炭储量的1.7亿倍[1]。但这一天文数字有如水中的月亮，因为人类目前所实际利用的地热资源（包括发电和生活）还只相当于煤炭能源的1%。目前全世界地热发电装机约1000万千瓦，中国2015年地热发电装机超过10万千瓦。由此可见，全世界目前对于地热能利用中只有少量是发电，大量是生活、医疗用热水。

有两项未来地热发电技术正在研究和试验中：一项是高温岩体发电技术，即通过深井钻探技术，将地表水送到3～4公里热岩层加热，再将热水抽上来用于发电；另一项是在地表直接向岩浆囊打井，利用岩浆囊的热量发电[2]。目前人类对于地热的利用，还仅限于利用地壳裂隙渗透上来的热量。这些热量虽然在总数上看也很可观，但能实际利用的却极少。因此地热资源在目前技术水准下，还不能取代或者部分取代化石能源。如果随着科技发展，人类可以直接从地幔提取热能发电，那将是人类又一个取之不尽用之不竭的替代能源。

6. 巨大而难以驾驭的海能

构成海洋能量循环的系统远比大气的循环更为复杂。海洋中可用于

---

① 参见何一鸣、钱显毅、刘龙春著：《可再生能源及其发电技术》，177页，北京，交通大学出版社，2013。

② 同上书，195页。

发电的能量有如下四种：其一，海流（也称洋流），由于地球海水吸收阳光产生温差而形成的洋流，其能量要远大于陆地上的风能。其二，温差，海水表面和底层海水的温差，一般在 20 摄氏度以上就可以用来实际发电。其三，潮汐，由于太阳和月球引力，海水表面一天两次高低潮，在一些河口岛屿的局部地区，海潮高度可达数米。潮汐发电包括两种方式，一种是利用潮汐产生的波能；另一种是利用潮汐储蓄海水发电。其四，盐差，陆地与海水之间有 3%的盐分浓度差，利用盐差的化学能量转化为电能的技术称为盐差发电技术。

从目前人类对于海能的利用来看，进入实际应用的只有潮汐储水发电，海水温差发电和潮汐波力发电，尚处于试验和小规模应用阶段，与地热发电规模相当，还不能成为真正意义上的替代能源。

海能大规模利用应该是对于洋流的利用，因为海水的密度、洋流的规模和稳定性，决定了其利用效率和规模要优于风力发电。有一个说法是：人类对于外太空的了解要远高于对于地球海洋的了解。海洋不仅蕴藏着巨大的宝藏，也蕴藏着巨大的能量。因此，对于洋流发电的开发，预示着人类替代能源开发一个全新的领域。

7. 需要付出代价的氢能

氢是最轻的元素，就能源角度考量：氢分子与氧分子产生氧化反应（燃烧），释放出热量，生成水。人类所利用该热能发电或者生产、生活，即氢能。氢发热量是汽油的 3 倍，高于所有化石燃料和生物燃料；氢燃烧后生成水，无任何污染，水可以重复利用；氢可以气态、液态、固态存在，在储存、运输和使用中适应不同的需求。氢占宇宙质量

75%，在地球上主要存在于水和含氢化合物中，气态存在少量氢分子。在理论上讲，氢也是人类取之不尽用之不竭的。氢能不同于化石能源的是，氢属于二次能源，只能通过人工手段从水、氢化合物或者空气中提取，而提取氢会产生相应的投资和成本。因此，氢能目前除了应用于航天、军事领域外，还缺乏商业应用的成本和技术优势。然而氢能被业界称为未来能源之一，因为人类一旦突破了氢能提取的技术和成本瓶颈，氢能的优势是现在使用的任何能源都不可比拟的。

(1) 氢的制取[①]。目前制取方法主要为：水煤气法制氢；天然气或裂解石油气制氢；甲醇制氢；电解水制氢；热化学分解水制氢，太阳能光电转换制氢；光化学分解水制氢；生物质制氢等。

虽然电解水制氢目前耗电大（生产每立方米氢气约耗电 4～5 度），再用该氢气发电显然不经济。但如果利用太阳能、风能、地热、海能等可再生能源发电制氢，作为储能手段，将不稳定电能转换为氢能；或者将用电低谷时的剩余电力用来制氢，其经济价值和商业应用需求就体现出来了。

热化学分解水制氢是一门新制氢工艺，利用热能直接制氢，不需要热功率转换，因此制氢效率高。目前有些国家利用核反应堆降温设施所产生的高温进行热化学分解水制氢，既可以达到冷却核反应堆的效果，又可以用来制氢。如果这一制氢技术成熟，将来应用于核聚变反应装置的高温处理中，会有更多的制氢潜力。

---

① 参见陆军、陶占良编著：《能源化学》，第 2 版，第 12 章第二节，北京，化学工业出版社，2014。

利用太阳能制氢，其中光电转换制氢可以将不稳定电能转换为氢能，目前无论在技术上还是商业需求上都具可行性。此外，太阳能光化学分解制氢，是新型发展领域，其原理是模仿植物叶面的光合反应制氢。为了提高制氢效率，科学家们还设计了综合制氢新工艺，集光化学反应、热化学反应和电化学反应为一体的装置，在较低温度下就可以获得最大限度的氢。这也是将来大规模利用太阳能制氢的发展方向。

生物质制氢包括生物质气化制氢和微生物法制氢。其中微生物法制氢又包括厌氧发酵法制氢和光合生物法制氢。生物制氢与生物制石油，生物发电相比，是更上了一个台阶，因为前者从制造到使用，都不存在碳排放污染，而后者的制造品或者制造过程都会产生碳排放污染问题。据有关研究，使用厌氧发酵技术，一克葡萄糖可以产生 0.25 毫升氢气。有关研究还发现，有多种细菌可在光合作用下产生氢气，目前这类方法尚处于研究、试验阶段，但也具有广阔发展前景，生物制氢有望逐步取代生物制石油和生物发电。未来人类社会的垃圾和污水中的有机物，通过微生物法进行无害化综合处理，变成氢气和其他有用物质，可谓一举两得，或者一举多得。

(2) 氢能储存①和运输。氢能作为二次能源，在制造或者提取出来之后，还存在一个储存和运输问题。氢的储运除了解决制取与利用之间的联系之外，还有另外两方面的意义：其一，未来一些偏远地区太阳能

① 参见陆军、陶占良编著：《能源化学》，第 2 版，第 12 章第三节，北京，化学工业出版社，2014。

发电、风力、水力发电，如果考虑到电网长距离输电成本，也可就地将电力转换成氢，氢的储存与运输可以不受电网距离与建设成本的限制。其二，如果从能量储蓄角度考虑，氢储存还可以兼有能量储备与调度补充功能。例如，在用电低谷时将电网多余的电力转换为氢能储存起来，在用电高峰时将储存的氢能用于发电补充电网电力（此举类似于抽水蓄能发电）。

氢在常温和正常气压下是以气态存在的，具有易燃、易爆、易扩散特点。氢主要作为燃料使用，例如，运输工具发动机使用、调峰发电使用等，该使用状况决定了氢使用的分散性和间歇性，因而对于氢储存提出了更高要求（高于液化天然气）。人类通过温度、压力调整使氢的储存形态可以根据需求选择气态、液态和固态。人类开发了高压气态储氢、低温液化储氢和氢化物固态储氢几类技术。此外，科学家们还在氢化物固态储氢的基础上，进而研发了复合氢化物储氢、有机液体储氢等前沿技术。

高压气态储氢，也称压缩气体储氢。即将氢气加压储存于高压钢瓶或者气体高压容器中，容器可以重复使用，但对容器的密封性、耐压性和安全性要求高。高压气体储氢多用于小型交通运输工具，如氢能源汽车，船舶等。

低温液态储氢。氢在液态下密度为气态的 845 倍，氢气液化原理与液化天然气 LNG 相似。在零下 253 度，氢气呈液态。液化氢可以使单位体积储气容量大幅度增加，但对储气容器绝热性能、密封性能要求极高。液态储氢除了适用大容量的储存和运输之外，还适用于受储存空间限制的运载工具的氢燃料携带，如航天运载工具，未来的氢能源飞机、氢能源汽车以及远洋船舶、军用舰船、潜艇等。低温液态储氢成本要高于高压气态储氢，主要体现在氢气液化设备和储氢容器成本和维护方面。特别是对于储氢绝热容器，高效、安全和低成本，是商业化应用的关键。

金属氢化物储氢。科学家在发现了可用于吸收和释放氢的金属材料后（储氢合金），金属氢化物储氢相继进入研究应用阶段。其储氢原理是，在一定温度和压力下，这些储氢合金可以吸收周围氢气，生成金属氢化物；该金属氢化物在加热后可以释放出氢气。某些金属氢化物储氢密度是气态氢 1000 倍，超过了液态氢的密度。储氢合金由可吸收氢元素和不吸收氢元素组成，通过温度和压力的调节，使该类合金在特定情况下吸收氢；在另外特定情况下释放氢，从而完成对氢气的可逆性存放。在实践中，主要是利用储氢合金生成过程中的放热反应和储氢合金放氢过程吸热反应原理，通过调节储氢合金的温度来实现氢的存储和释放。

金属氢化物储氢优点是密度大，安全性高，被业界公认为是最有发展希望的储氢方式。但储氢合金的生产成本以及储放氢速度慢、粉末化也是制约发展一个瓶颈。目前该储氢技术向薄膜化发展，有利于解决速度和老化的问题，但与实用阶段仍有一定距离。

氢的运输与天然气运输大致相近，但氢对运输条件安全性要求更高。氢运输包括管道运输，高压钢瓶运输和金属氢化物容器运输。管道运输适合用量大、用户集中、使用稳定地区。最适合运输的是有机液体储氢，可以在常温、常压下像运输汽油一样方便。

(3) 氢能利用。氢能利用向两个方向发展，即氢热能利用和氢燃料电池的开发利用。

在氢热能利用方面，氢作为燃料推动内燃机、喷气机与石油产品没有大的技术障碍，甚至对现有的某些发动机稍加改造，就可以用氢为燃料了。所制约的就是氢制取和运输成本。目前氢能还不能像化石能源那样普遍成为发电和驱动交通运输工具的热能源。也就是说，目前氢热能大规模利用，还只限于航天方面。随着科技进步，氢能制取和存储将会有大的成本突破，加之人们正在研发新型以氢为燃料的内燃发动机、航空发动机，可以提升发动机的功能和效率，有望使氢在军事领域首先取代化石燃料，之后逐步向商业化发展。在航天领域，氢能已经逐步成为航天火箭推进常用燃料。目前正在研发的固态氢航天发动机，固态氢材料本身可作为航天器的某些结构材料，这些材料在航程中作为燃料消耗掉，既加大航天器航程，又避免抛弃太空垃圾，航天器可以飞向更遥远的宇宙深处探测。

在氢燃料电池开发利用方面，氢燃料电池的基本原理就是将氢和氧的化学反应直接转换成电能，这种反应与燃烧氢的火力发电相比，由于不存在先通过氢氧反应生成热能，再利用热能发电，而是直接生成电，因此损耗小。有关资料统计，内燃机的效率为 40%～50%；驱动热机并带动发电的效率为 35%～40%；而燃料电池的效率为 60%～70%，理论上可达到 90%。氢燃料电池所排放的是水，不产生污染，加之噪声小，其优势明显高于内燃机或其他热机。氢燃料电池的效率接近热机两倍，在驱动汽车和一些相关领域，已经具备了与汽油、柴油发动机竞争的优势。

氢燃料电池的类型包括碱性燃料电池、磷酸燃料电池、熔融碳酸盐燃料电池、固态氧化物燃料电池、质子交换燃料电池五类[①]。目前氢燃料电池研发正呈现一种方兴未艾的景象，除了应用于航天飞行器之外，氢燃料电池汽车也逐步进入商用领域。

(4) 氢能发展前景。氢能发展的瓶颈就是氢的制取。目前技术手段和生产布局，氢的制取主要是靠消耗化石能源进行的，因此如果使用消耗化石能源制取的氢再去替代化石能源发电或者驱动运输工具，不仅在经济上不合算，也会成为人们的笑柄。目前氢在航天领域大量应用，主要还是氢在这些领域具有其他能源不可替代的优势。

未来制氢基本思路应该是：(1) 目前大量使用化石能源制氢肯定是不可取的，人类所以要倡导使用氢能源，其初衷是替代化石能源，而化石能源制氢本身与这一理念相悖。(2) 有些情况下出于蓄能、节约运输成本考虑，用电力制氢。例如，用电网低峰多余的电力制氢，边远地区的太阳能、风能、水能发电制氢等。(3) 利用浪费的能源制氢。例如发电等工业余热制氢；泄洪发电制氢等。(4) 利用垃圾、工农业生产废料中的有机物制氢。例如，生物制氢、光化学制氢、气体膜分离技术制氢等。

未来氢能利用除了航天、军用发动机直接使用氢燃料之外，绝大部分会作为氢燃料电池的能源。目前燃料电池发展迅速，成本降低，效率增高，且不断有新品出现。未来氢燃料电池还会向轻型化、大容量发展。由于氢能独特的优势，未来代替燃油，成为驱动运输工具的主要能源，并与电力驱动互为补充，成为替代化石能源的主力。

---

① 参见陆军、陶占良编著：《能源化学》，第2版，第12章第7节，北京，化学工业出版社，2014。

五、 化石能源终结之路

现在我们已经知道了化石能源作为能源使用的代价是巨大的：包括在生产、运输中付出的成本和危害，对于不可再生的宝贵化工资源浪费，以及大量碳排放对于人类生态环境的危害。而且我们也知道了目前已有大量可再生的和永不枯竭的能源作为化石能源的替代品。化石能源替代战略的科学技术障碍也已基本解决。那么接下来人类就需要规划出一个替代战略方案，并制定出切实可行的实施方针。这一战略方案和实施方针应建立在现实可行的基础之上，而不是空想；应符合现代社会市场化运行规律，而不是单纯政府行为；需要动员全人类社会的各阶层和政府、非政府组织共同参与，而不是靠社会精英阶层和少数发达国家包打天下。

1. 发电告别煤和油

人类能否在尽可能短的年限内，用可再生能源、核能以及其他可长期使用的能源替代现有的化石能源发电，这是能否使化石能源彻底退出发电领域的关键。前面所介绍的各种替代能源，虽然各有不足，但综合利用，是完全可以达到这一替代目标的。取代化石能源发电的主要障碍还是其发电成本所折射的经济性。在未来随着科学技术的发达，替代能源发电成本会向化石能源发电成本靠拢，化石能源发电所产生的碳排放也逐步为人类社会所不能容忍。二者合力产生的“剪刀效益”会加快这一替代进程。化石能源退出发电领域的速度很可能像自由落体“重力加速度”一样，越是接近终点越快。目前需要解决的是对各种替代能源的替代进度与份额进行评估，为制定替代战略提供必要的参考。

(1) 水能发电。

水能发电是目前最经济的替代能源，水能发电保守估计可以满足未来全世界20%以上用电量，对于一些偏远地区的水能资源，电网难以延伸，可以考虑水电制氢，用氢能替代燃油。

水能发电，特别是大型、超大型的水力发电设施受到环保人士和人文主义者的批评，可见廉价和环保的水力发电也不会是完美无缺的。从人类社会长久发展和与自然和谐角度考虑，水力发电还不是最理想的替代能源。但“两害相权取其轻”，相比化石能源发电，水力发电对环境的危害还是小得多。因此，作为一种廉价和过渡性能源，目前还需发展水力发电。为了弥补水电对环境和地质的破坏，完善保护性法律法规、防治地质隐患是非常重要的。

如果把水力发电作为一种替代化石能源发电的过渡能源考虑，这个替代期应相对长一些，也就是说水力发电应该是最后被取代的过渡性能源。

(2) 太阳能发电。

太阳能的优点是总量大，缺点就是其间歇性和分散性，因此不可能作为化石能源的主要或者唯一替代能源。太阳能发电只能在其他可控能源发电的补充下使用。建筑物太阳能发电和利用太阳能取暖、制冷以及其他能源利用，也是未来能源的重要节约渠道。此外，太阳能发电制氢，或者太阳能生物制氢，利用所制氢驱动航空器、舰船和汽车，可望有与上述领域的电动化相互补充，解决这些领域化石能源退出问题。

（3）风能与海能发电。

风能与太阳能相比，有更大的间歇性和不稳定性，因此对于化石能源发电的替代也只能是部分的。海能的洋流与风能有类似的特点，但洋流的利用比风能成本更高和更难以控制，目前洋流发电还处于设想阶段。海能的另一个发电途径就是潮汐发电，类似于水力发电，具有稳定性，但也有与水力发电相同的环境与生态问题。

（4）核能与地热能发电。

核能和地热能替代化石能源发电包括过渡性替代和永久替代两种情况。目前大量应用的核裂变发电和少量的利用地热温泉发电，属于过渡性替代的情况。核裂变发电在某些国家占到总发电量近 4 成份额，无论是发电成本与安全性，都具有与煤炭发电竞争的潜力。所困扰人们的主要问题是核事故和核废料处理，处理不当将会造成人类社会的灾难。地热温泉发电目前只占极少的发电份额。目前世界主要国家正在研制和联合研制核聚变发电，已经达到小型（50 万千瓦级）规模化，人类社会可望在未来 30～50 年，制造出中型或者大型核聚变发电设施，且发电成本也会向化石能源发电靠拢。预计在人类不懈的努力下，有望在 22 世纪到来之际，使核聚变能成为替代化石能源的主要发电能源。在利用地幔热能方面，主要瓶颈是深井钻探技术和新型钻井材料，如何才能钻井达到 17～33 千米的深度，且将地幔热成功提取，人类面临的难题不亚于制造核聚变所需的上亿度超高温环境。人类钻探到地幔且取得永不枯竭的地热能源，预计所用的时间也不会短于核聚变发电的商业化应用时间。

2. 全面电动化驱动

当前除发电外，正在使用化石能源的领域还包括无轨道交通运输工具（包括航天器和军用装备）的驱动，冶金、水泥、制热（取暖、烹饪）等。所使用化石能源不仅数量庞大，而且“吃的”都是化石能源中的“细粮”。例如，冶金所用的焦炭，航空用的航油，取暖、烹饪用的天然气、煤气等。由于上述领域自身特点，用电动化取代化石能源的情况会大有不同。例如，在航天、航空和航海领域，受电池体积和重量的限制，目前还看不出有效的替代模式。但在陆地无轨道交通运输领域，目前电动化与氢氢燃料电池的发展平分秋色，可望在十数年的时间完成替换。在冶金、水泥、制热等领域，电动化不存在技术壁垒，受制约的还是其成本和现有生产模式的惯性。对此除了有待于降低用电成本之外，还需要政府产业政策的调整和引导。

鉴于上述情况，全面电动化应首先瞄准冶金、水泥和制热领域，这些领域电动化改变意味着整个生产流程、设备改造的问题，因此仅从成本考虑是不够的。从目前世界生产格局看，上述领域产能多为过剩，已没有建造新生产设备的需求与动力。因此替代所需的设备、改造所需的大量资金如果打入生产成本，再加上电费的因素，是上述生产商无法接受的。对此需要政府通过产业政策调整，通过补贴和扶持政策逐步解决。

全面电动化另一个问题就是如何与能源替代战略协调并进。如果用电动化替代了直接使用化石能源产业，而驱动这些产业所用电力还是通过化石能源来制造，那么所造成的碳排放总量并没有减少。用化石能源发电，再用电驱动这些产业，相比用化石能源直接驱动又增加了更多的损耗。如果再加上改造上述产业设备的费用，就根本上得不偿失了。

所谓与能源替代战略协调并进，就是在总体减少碳排放前提下，随着取代化石能源进程和在国家经济能力许可范围内，逐步实现电动化。国家产业政策可以从以下几个方面考虑：首先是淘汰过剩落后的冶金、水泥以及其他高能耗产业；其次是通过碳税交易鼓励替代能源发电，促进电动化改造；最后是政府的技术支持、奖励和补贴。

3. 氢动力替代和制氢新路

从理论上讲，氢作为化石燃油的替代物，驱动所有的无轨道交通运输工具已经没有技术障碍了。但氢动力的应用，不得不受到制取成本与规模的限制。鉴于此，氢动力应用，或者说是取代化石燃油的进程，必然走先高端后低端、先高效后低效的路线：其一，首先应用于航天发动机，军用发动机这些可以承受高成本氢燃料领域；其次随着制氢成本的降低，向民用领域扩展。其二，首先用于氢燃料电池这些高效能发动机领域；其次用于氢直接燃烧这些低效能领域。目前氢燃料电池汽车的发展已经到了量产的阶段，作为高端、环保汽车受到市场广泛的欢迎，已经与电动汽车、可再生能源汽车成鼎立之势。业内人士估计，汽车领域全面替代化石燃油的时代已经开启，也许过不了多少年，名为汽车的产品就会成为“电车”或者“氢车”。

氢作为二次能源，如果要全面取代化石燃油，就需要大量制取。而大规模的制氢，主要依靠电力，同时这种用来制氢的电力又必须是无碳排放取得的（或者出于减排的目的）。也只有这样，才不会违背氢动力取代化石能源的宗旨。符合这种条件的制氢方式主要有：

(1) 电网错峰制氢。即利用电网在用电低峰时多余的电力制氢，这些多余的电力或者被浪费，或者用来抽水蓄能发电，转换率非常低下。利用这些电力制氢，既可以降低制氢成本，又可以避免电力浪费。

(2) 风力发电制氢。风力发电由于不稳定，普遍不受电网欢迎。如果用来制氢，就可以避免这一短板，风大多制，风小少制，无风不制。只要风力强度达到发电程度，就会有氢被制取出来。未来的风力发电场，可以直接改造成风力发电制氢场。

(3) 太阳能发电制氢。世界各地大沙漠，往往在远离城市偏远地区，沙漠地区几无植被、干旱少雨，但日照时间长，最适合太阳能发电。由于距离用电中心遥远，架设电网困难，且远距离输电损耗大、成本过高。如果在这些沙漠地区利用太阳能发电制氢，即使是包括水和氢的双向运输，也好于超远距离输电。

(4) 水力发电制氢。主要是指在一些河谷偏远上游的中小型水电站，架设电网不值当，利用该电力制氢是最好的选择。对于一些大型的水电站，也可以考虑错峰制氢，或者利用丰水期本身多余的电力制氢。

(5) 泄洪水力发电制氢。将水电站泄洪水流用来发电制氢，在增加相应设计和设备费用之外，简直就等于“白捡”的氢能！就一般水电站而言，蓄泄比应该在3∶1左右，即所蓄水量的三分之一要在汛期泄掉。如果把全世界水力发电站的泄洪设施改造为泄洪发电制氢设施，那将是一个巨大的资源。全世界水力发电年3000亿度（占全球发电量的10%），其三分之一应该为1000亿度，就目前的制氢技术，每度电力可以制取0.15m^3氢气，全世界每年利用泄洪发电制取氢气应为150亿立方米，其热量相当于30亿吨原油。而全世界目前的原油消耗量为200亿桶，折合为28.5亿吨。也就是说，仅泄洪制氢一项，如果减半计算，也可以代替一半以上的石油。

(6) 建筑物表面发电制氢。建筑物表面发电除了供给建筑物自身用电之外，多余电力也可以选择输给电网或者选择用来制氢，供自家氢燃料电池汽车使用。

(7) 核电余热制氢，直接利用核电产生的高温余热制氢，对此的技术问题前面已经讨论过了。可虑到未来核聚变发电成为取代化石能源发电的主力军，这是一个非常大的当量。或者仅此一项，就可以基本满足人类的电力和氢动力需求了。

通过发展和应用上述电力制氢途径，我们可以在现有发电设施和总量下挖掘出更多能源潜力。这些电力制氢的流程是现有生产工艺和技术可以胜任的，经济上非常合算。保守估计，上述制氢方式充分利用，可以在未来得到足够多的、成本较低的氢，这些氢可用来全部替代目前使用的化石燃油。现阶段利用化石能源制氢的方法也将随之退出历史舞台。由此可见，在制氢问题解决后，氢能源彻底取代石油、天然气的时间会比煤炭更早。

4. 远程输电和超导技术

电力从制造（发电）到使用，要通过电力输送环节。电力输送通过导电金属线路完成，金属导电性能因电阻系数不同而不同。银的导电系数最好，但造价昂贵，只能用于航天、军事等高端领域。对于大型输电网络来说，一般选择铜和铝作为导线。导线输送电力能力与导线截面积和电压成正比例。电力输送随着距离延长，导线电阻会增加。人们为了减少输电损耗和提高效率，在导线材料和截面积有限的情况下，采用提高电压的方式来进行远距离输电。从发电地提高电压，到使用地将电压降低，需要变压设备来进行，即通常所称的变压器或者变电站。输电和变电都会损耗一定的电力，就一般情况而言，这个损耗控制在5%～10%范围内是可以承受的，这个距离也被称为有效输电距离。这也是确定电网电压的基本参考依据。电网电压也不是越高越好，因为越是选择高电压，电网的建造、运行成本就越高，反之亦然。

在全面电动化进程中，远程输变电是一个关键环节，就是如何将电力从制造地高效、低耗地输送到电力使用地。以中国为例，目前中国煤炭生产基地主要在华北和西北，水电生产基地主要在西南，而用电中心地区多为华南、华东和东北。除新疆外，这些发电中心到用电中心的距离一般都在1000～2000公里。解决如此远距离输变电问题，目前只有特高压输电设施可以胜任。所谓特高压输电，一般是指交流1000千伏以上，直流正负600千伏以上电压的输电线路。建立特高压输电线路，也是国家以及未来国际间电网联合运行的基础设施。目前欧洲国家计划在非洲沙漠建立大规模太阳能电站，通过特高压将电力输送到欧洲；南非计划在刚果建立水电站，通过特高压将电力输送到南非；中国与巴西联合建设特高压线路，计划将亚马逊流域的水电输送到巴西中心城市。由此可见，特高压输电，不仅可以解决远距离电力输送问题，也有助于国际社会能源合作与电网合作。

除了特高压输电外，超导技术发展也会对输电产生重大影响。超导输电技术，就是在零电阻或近似零电阻下输电，即没有损耗的输电。这项技术应用关键是找到某些金属的超导临界温度（低温或超低温）并控制这些温度环境，使之成为良好输电通道。目前可用于超导材料的物质包括铋族元素、铊族元素、汞和稀土。这些物质由于超导临界温度高于就绝对低温（-272.3 摄氏度），因此被称作高温超导体。但这种所谓高温超导体并不能理解为在常温下具有超导功能，也不能理解为通常所说的高于常温的高温下具有超导功能。该高温超导体仍需要达到其本身所需的超导临界低温，才能产生超导效应。当今世界上研发成功的数百米距离超导输电技术，已经应用于局部的供电线网。相信在未来数十年内，这项技术会有长足的发展。

随着远距离超导输电技术难关的解决，人类社会未来的电网格局会逐步形成以超导输电为主干线，结合特高压、高压和低压的全球化网络。电网全球化将改变世界各国的电力生产和消费格局，有助于可再生能源和未来永久能源替代化石能源进程中，不留死角。也有助于降低能耗，提高用电效益，加速世界经济一体化。如果从社会学角度考虑，还有助于消除国家间发展速度、人际间贫富差距，进而有利于消除产生政治、宗教、民族矛盾的根源。

5. 节能、节电两兄弟

在人类未来全面电动化发展中，节能与节电在消费层面已经融为一个概念。但在电力的生产层面上，节能主要表现为减少或杜绝发电能源浪费和应用新技术提高发电效益。就目前电力市场而言，无论是化石能源还是可再生能源，节能和压缩发电成本，已经挖取了相当的潜力。但在采用新技术发电领域，还是有很大发展空间的。例如，超导技术发电，利用超导线圈制造的交流超导发电机，可以使发电机磁场强度提高到5万～6万高斯，并且几乎没有能量损失。超导发电机可以提高发电容量，达到单机100万千瓦级。且体积比普通发电机减少二分之一，重量减少三分之一，而发电效率可以提高50%。也就是说，如果全世界大型发电厂都采用超导交流发电机，就可以在同等能源消耗情况下增加50%发电量。

在用电领域，节电即节能。节电应包括两个方面：一是用户节电；二是智能电网节电。用户节电包括少用节电和用电设备节电。所谓少用节电，是指工业、社会用户，家庭、个人用户，在尽可能情况下，少使用电。特别是在电网电力紧张或者用电高峰期，用户节电不仅可以节约用户电费支出，也可以缓解电网用电压力。用电设备节电，是指通过高科技手段，改造现有高耗电、低效率用电设备，淘汰老旧电器。例如，在民用照明方面，采用智能照明控制系统，使用LED照明元件替代白炽灯和节能灯。在工业用电方面，采用新型节能电机，智能化配电设备等。在家用电器方面，鼓励节能电器的使用和更新。

智能电网节电受到普遍重视。智能电网也称电网智能化。智能电网通过计算机系统对电网全部信息和数据进行分析和处理，选择最佳方案控制和运行电网，使之可靠、安全、经济、高效和环境友好。智能电网包括六个方面：智能化发电、智能化输变电、智能化配电网、智能化用电和智能化调度。在过去和目前的大部分电网，用电无序性和发电计划性存在着严重的冲突。造成用电高峰电力紧张，用电低峰电力浪费。通过智能电网，不仅可以合理分配用电，加强用电有序化和节约用电；还可以根据用电需要调节发电量，利用多余的电力制氢或者储能。据业内人士估计，使用全智能化电网控制系统，可以节能或者节约用电20%～30%，或者更多。

6. 上帝的新礼物——石墨烯

2004年，英国曼彻斯特大学两位教授安德烈·盖姆和康斯坦丁·诺沃肖洛夫将定向热解石墨中剥离出的石墨薄片，用胶带纸两边粘贴后剥离为二，如此往复操作，最后得到了仅有一层碳原子构成的石墨薄片，即石墨烯。随后他们对石墨烯进行了深入研究，六年后的2010年，他们因此获得了诺贝尔物理学奖。在随后几年内，石墨烯种种特性被发现和推崇，石墨稀非凡应用功能被科技界和商界所追捧。

石墨烯是由单层碳原子组成的二维晶体，是世界上已知的最薄材料，但也是最强材料，其强度是同等厚度钢的100～200倍。石墨烯还具有很好的拉伸度，最好的透光度，最小的致密度以及最强的导电性。石墨烯结构为六个碳原子组成环苯六角形蜂巢结构，属于二维碳材料。石墨烯包括单层石墨烯、双层石墨烯和少层石墨烯三种。

(1) 在微电子领域引发革命性的创新。如果在微电子元件中用石墨烯材料代替传统的铜和硅，那么计算机和智能电器的反应速度会大幅提高，传统70%～80%电热损耗将会被大幅度降低。

(2) 在材料领域引发巨大的变革。例如，在塑料中加入1%石墨烯，就能使塑料具有超过一般金属的导电性；将千分之一石墨烯加入塑料或者其他材料，就可使其抗热性、拉伸性、硬度和韧性大幅度提高。这些新材料可望广泛应用于交通、通信、航空、航天领域。此外，关于新材料加工，也可以更方便利用3D打印技术，进行微米级精确一次成型，而淘汰传统的金属铸造、切削加工流程。利用石墨烯材料制作新能源电池，比锂电池等容量大幅度提升，充电时间控制在数分钟之内，这样困扰电动汽车的电池容量小，体积重量大，充电时间长的问题也就迎刃而解了。

（3）在移动通信领域的应用。由于硅材料在液氮下功耗极限是8.4G，一般芯片的CPU只能到3G或4G，手机频率很难再有突破。而石墨烯理论功耗极限可达到300G，现在已经试验生产的石墨烯场效应晶体管主频已经达到155G。在手机制作方面，国内已经有使用石墨烯材料做显示器和电池的手机问世，借助石墨烯材料，未来的手机会有更强的续航能力，更快的运算速度，更好的拍照效果，更快的上网速度，更好的显示效果。未来达到“万网互联”，包括大规模天线列阵、超密集组网、新型多址技术和全频谱等技术，以及车联网、工业控制等垂直行业的特殊应用需求等，需要至少5G以上的通信频率。而这样的通信频率，利用石墨烯材料可以轻松解决。

（4）在太阳能发电领域的优势。石墨烯材料无论在光电转换效率还是在成本方面，都优于现有硅与其他合成材料；在显示器领域，石墨烯材料具有更高清晰度、稳定性和更好色彩，并可制成柔软可卷曲形状。

目前石墨烯制作方法有机械剥离法、氧化还原法、外延生长法和气相沉积法几种，其中适合规模化生产的气外延法需要较高的技术和设备，气相沉积法成本较高。由于石墨烯制作工艺的新突破，石墨烯制作成本已经由十余倍黄金价降低到黄金价的百分之一。例如中国宁波和重庆的墨西科技有限公司先后建成年产300吨石墨烯生产线和年产100万平方米石墨烯薄膜生产线，并将石墨烯制造成本从5000元人民币/克降到 3 元人民币 /克。这就给石墨烯的商业化应用提供了良好条件。科学家们预测，石墨烯材料深度开发和广泛应用，必将会对人类生产与生活的方方面面产生深远影响。也必然会对人类零污染进程产生积极地影响。这些积极影响，不仅表现在交通、通信、发电、电动化、冶金、建材等领域对于减少碳排放的积极作用，也可望在制造、加工业中、环境保护领域中对于减少有毒化学物质排放，治理环境污染发挥积极作用。

由此可见，将石墨烯比作上帝赐给人类的礼物并不为过，它将给人类零污染进程装上新的车轮。

六、 生物能源也应零排放

生物能源也被归入可再生能源。但生物能源并不等同于太阳能、风能、水能这些可再生能源。因为对于生物能源来说，可再生只是其一面；另一面是使用这些能源仍然存在着碳排放污染问题。在某种程度上，燃烧生物能源发电或者供热，所排放的碳和其他有害物质甚至更大。例如，燃烧秸秆造烟尘，垃圾发电产生的有害物质等。由此可见，生物能源其实是一种具有温室气体污染性的可再生能源。

生物能源也是太阳能的储存和延续。现代人类所食用的粮食、使用和燃烧的木材与秸秆，是对于这些太阳能积存的消耗。动物生命过程，也是对于这类储存的太阳能的消费过程，而且是一个更为复杂的过程，因为许多动物并不直接消费太阳能生成物，而是通过食物链间接或者多层次地消费太阳能。当然动物的躯体与排泄物也最终会转化成可作为能源的物质，包括埋藏于地下数亿年的煤炭、石油、天然气和现代社会使用的沼气等。

1. 粮食类

粮食类（也包括蔬菜、水果与油料）产品是一些特定植物（农作物）的根、茎、叶与果实，是人类和所饲养动物不可或缺的食物来源。近年来由于碳污染造成的危机和石油短缺，人们开始把多余的粮食产品加工成供内燃机使用的燃料。如用粮食、糖作物酿制乙醇，之后与汽油混合使用，称为乙醇汽油。

粮食类作为能源使用，仅仅用来满足“可再生”概念需求并不是世界能源政策的最终目的，这种主要由政府用补贴来支撑粮食转化能源的政策本身应受到质疑。政府盲目补贴所产生的不良后果已经体现，即会引发大规模生态破坏以及道德与精神危机。例如，巴西，砍伐大片森林种植甘蔗用以酿制乙醇，致使世界之肺亚马逊原始森林遭到毁灭性破坏；在世界面临粮食短缺，非洲有大量的贫民特别是儿童死于饥饿的情况下，用玉米等粮食作物制作乙醇燃料，不论经济和环保效益如何，都难以逾越道德和人性的边界。

2. 木材与秸秆

与粮食类一样，木材与秸秆属于可再生能源；也与粮食类一样，本身的使用价值要大于作为能源的使用价值。例如，造纸、建材、纺织原料等。人类不应单纯追求“可再生能源”的盲目概念而浪费宝贵可再生资源的更大附加值。

鉴于目前中国农村焚烧大量作物秸秆，用来制草木灰肥和清理堆放场地。与其被白白焚烧，还不如用来发电。出于这种思路的秸秆发电，虽有一定合理性，但终归还是权宜之计。政府对此的决策应更长远一些，选择附加值高且环保的项目来处理农作物秸秆，例如，制作纤维、生物发酵、制氢、制作饲料等。

3. 垃圾

垃圾成分极为复杂，包括工业垃圾和生活垃圾。本文从能源角度研究的垃圾仅指生活垃圾。相比传统方法通过填埋处理垃圾，将其焚烧并发电，既避免了填埋造成的土壤和水体污染，还可以废物利用，产生社会急需的电力，可谓一举两得。近年来世界发达国家，也包括中国，垃圾发电发展较快，也得到政府的鼓励和补贴。然而垃圾发电也同时受到环保人士的质疑，因为垃圾发电除了产生碳排放外，还产生其他有毒气体，如二噁英等。目前垃圾发电厂存在落户难，当地民众由于担心有毒气体的污染而强烈反对建造垃圾发电厂的事件不时发生。致使垃圾发电的建造和运行举步艰难，投资人望而却步。

人类生活质量不断提高，人类所产生的垃圾也会不断增加。垃圾处理，将成为人类社会面临的重大问题。随着科技进步，人们已经不满足于单纯无害化处理垃圾了。处理垃圾还要使其变废为宝，最大程度回收、再生利用其中的有用物质。从这一角度看，垃圾发电并非为最佳解决方案。因为垃圾发电所焚烧的，正是垃圾中的有机物质部分，而可以被回收和再生利用的，也正是垃圾中的相同部分。相比之下，如果这部分被焚烧掉了，除了可以产生热能效益外，还会产生碳排放和有毒气体污染；人类如果把这部分有机物质回收和再生利用了，其经济效益要大于热能的经济效益，此外还避免了碳排放和有毒气体污染。由此可见，垃圾处理的最佳方案并非焚烧发电。把垃圾发电作为替代化石燃料的可再生能源发电，其实是一个认识误区。现有的垃圾发电充其量也只能作为一种过渡性的能源替代对策。

4. 其他生物能源

(1) 人畜排泄物。在农村从简单制作农家肥过渡到制作沼气，用作取暖和烹饪，再将沼气废液用作肥料。在城市中排泄物是随着下水道作为城市污水处理的。如果把城市人口排泄物通过专门的收集渠道集中处理，首先用来制氢气或者制沼气；其次将废液制成农家肥。这是一举两得的好事，既获得了可再生清洁能源，又获得了优质的农家肥。中国乃至世界，城市化发展已经成为不可逆转的趋势，大量的农村人口向城市转移，城市将集中世界主要人口比例。改变目前对于城市人口排泄物处理方法，填补这一空白，不仅可以用清洁能源替代一部分化石能源，也意味着肥料制作的一大革命性举措。

(2) 过期食品、垃圾油、动物内脏等。这些物质，过去多作为饲料或者饲料添加剂使用。实践证明，不仅会影响饲养家畜产品质量，还会产生牲畜疾病，有的还会危及人类本身，如疯牛病等。因此对于上述物质最佳处理方法是非饲料的工业化，如在初级阶段转化为柴油，作为可再生能源替代化石能源；在高级阶段可以作为有机化学原料，生产类似石油化工产品。

生物能源虽然可以满足可再生条件，但由于仍然具有碳排放的缺点，因此不可能真正成为化石能源的替代能源。但生物能源可以作为一种过渡性能源，替代一部分化石能源，填补世界性石油短缺的空白，还是有必要和可行的。因为用生物能源制作的燃油和燃气，要比目前用煤炭制作燃油、制作燃气更为经济一些，也不存在制作中二次碳排放的污染。

七、 零微排

1. 氟氯烃的替代产品

1987 年 9 月各国在加拿大蒙特利尔签订了《蒙特利尔议定书》，决定分阶段限制氟氯烃的使用，并从 1996 年起，正式禁止生产。鉴于人类对于现代生活的刚性需求，人类舍弃冰箱、空调、制冷的生活和生产已经是不可能的。人类的唯一出路就是发展氟氯烃类产品的替代物，逐步取代氟氯烃以及其他含氯的制冷剂。

(1) 含有氟氯氢碳的化合物（HCFCs)。这类化合物的臭氧破坏潜能与气候变暖潜能都相对较低，是目前大量替代氟利昂的产品，但该类产品仍然含有氯，其泄漏、挥发物仍对臭氧层有危害。因此也是过渡性产品。根据蒙特利尔议定书，到 2030 年，世界将完全淘汰使用 HCFCs。而美国是规定了逐年禁止使用某些种类的 HCFCs，到 2030 年全面淘汰。欧共体国家所采取的是按比例逐年消减，到 2015 年全面禁用 HCFCs。而最为严格的国家是瑞士、意大利和德国，在 2000 年伊始就完全禁用 HCFCs。

(2) 氢氟烃类（HFCs）化合物。这类化合物在大气中寿命短，无氯，对臭氧层无破坏作用。但仍有温室效应，因此可作为今后较长时期的氟利昂替代品。

(3) 氟化醚类（HFEs）化合物。这类化合物不含氯原子，不破坏臭氧层；其温室效应比氢氟烃类更低，因此是较为理想的氟利昂替代物。目前这类替代物还处在研发阶段。

(4) 混合制冷剂。包括二元混合制冷剂 R410A；三元混合制冷剂 R407C。具有无氯，温室效应低，清洁、低毒、不燃，制冷效果好的特点，目前大量用于空调行业。

(5) 天然制冷化合物。包括碳氢化合物如丙烷（R2900）；丁烷（R600）；异丁烷（R600a）；R700 系列化合物，如 R717，R744，R718。这些化合物属于传统制冷剂，或者由于可燃性，或者由于有毒，或者由于应用技术复杂，对于开发技术要求较高。

蒙特利尔议定书对于氟利昂类产品的替代与转换起了非常积极的作用，但由于世界经济发展的不平衡，在一些发展中国家，执行起来仍比发达国家有很大差距。加之替代与产品转换的时间差，老旧产品的淘汰速度等原因，到达氟利昂气体的零排放，保守的估计应在 21 世纪 50 年代。而氟利昂从排放到达到平流层的十数年时间差，其对臭氧层的危害，可能延续到 21 世纪 70 年代。臭氧层的恢复，应该最早在 21 世纪末。

2. 甲烷的限禁

对于生产活动的甲烷排放，所采取的限制和禁止措施包括：(1) 在煤炭生产和使用方面，目前发达国家是先将煤层气抽取和利用，这样可以在煤炭生产中减少煤层气排放，同时减少了瓦斯爆炸隐患，可谓一举两得。发展中国家在这方面可以通过立法与行政手段，强制在采煤前开采煤层气。对于炼焦、焦油制作以及其他工业生产中的甲烷排放，也可以通过禁止性规定加以规范。(2) 对于石油、天然气生产、加工中的甲烷排放，也完全可以通过禁止性规定治理。(3) 对于农业生产中甲烷的排放，可以通过改良解决，例如，改用沼气发生设备，将农家肥原料、人畜粪便经过沼气设备，将发生过沼气的废液给农作物施用，既可以增加肥力，还可以将甲烷利用做能源。虽然燃烧沼气还要产生另一种温室气体二氧化碳，但鉴于其温室效应只是甲烷的二十分之一，因此是具有环保价值和经济价值的。

对于自然排放的甲烷，包括河流、湖泊、水库、池塘、沼泽、水田以及腐烂植物中甲烷的排放，以及野生动物排泄中甲烷的排放，人类的干预是有限的。目前对于水体污染的治理，防止富营养化以及清理、遏制水生植物（如水葫芦等）的疯长等，应属于对于该类水体排放甲烷的人工干预措施。

3. 干预笑气

对一氧化二氮（笑气）最好的人工干预措施是禁止限制作为麻醉剂使用，积极开发替代品。此外，应倡导科学施用含氮化肥，防止过量化肥留存于土壤中产生硝化反应，释放一氧化二氮。

本章结语：人类确立温室气体零排放目标不仅具有可行性，而且可以节约宝贵化石能源资源以及生物能源资源。化石能源作为燃料使用，本身是对其经济价值的巨大损失。相比其他形式的污染，国际社会对于温室气体污染非常重视，并进行了多种努力，也取得了一定成效。然而国际社会对应温室气体目标是限制温室气体，还不同于零排放，本章研究的零排放主要是通过发展替代能源，从根本上杜绝温室气体排放。替代能源包括核能、太阳能、水能、风能、地热能、海能和氢能。替代战略包括替代发电、全面电动化、输变电节电以及大力发展氢能。石墨烯材料的出现将有助于替代进程。生物能源虽然也是一种可再生能源，但也具有碳排放的问题。因此生物能源最好的选择也是作为化工或者其他工业生产原料，而不是燃料。其他微量温室气体的零排放，即“零微排”，也具有可行性，只不过控制与替代措施不同于碳排放。

第四章
化学物质零污染

化学物质污染与碳排放污染不同的是，会直接影响人类健康和生活质量。除南极部分地区外，人类在地球上几乎找不到不被化学物质侵染过的地方。鉴于这一现实，目前人类社会选择了可控状况下与之共存。国际社会和各国、各地政府，制定了几乎无所不包的各种有害物质的生产、生活“三废”排放标准；制定了几乎所有商品、产品的质量标准，这些质量标准的一个重要方面，就是规定了其有害物质的含量指标，以此作为衡量产品合格的一个重要方面。为保证对污染物质的控制，相关政府和部门还配备了庞大的监控、执法机构来阻止上述污染“越线”。由此可见，目前人类社会采取的控制化学物质污染的对策，只是一个无奈之举，一个权宜之计。而就是这么一个权宜之计的推进，已经使人类社会疲惫不堪了。如果进而要推进化学物质的“零污染”，是一个人类不敢想象的、极端严峻的挑战。人类社会如果还是像过去那样按照常规出牌，是绝对难以达到零污染的目标的。为此，人类为了实现化学物质零污染，就需要采取与温室气体零排放不同的战略。这一战略是什么呢？

一、 新产业革命即将登场

1848年马克思、恩格斯发表了《共产党宣言》，预言了资本主义衰落和无产阶级革命的必然性。《共产党宣言》发表于第一次工业革命末期，第二次工业革命起始阶段。随着工业革命进程，社会分化、生产力与生产关系矛盾日益凸显。《共产党宣言》的价值在于，为当时种种社会矛盾提供了革命性的解决方案。虽然现代社会的社情和科学技术状况发生了巨大变化，但社会变革性的解决方法与思路，有助于推进类似于零污染这样全人类宏大社会工程。化学物质零污染的进程，不仅需要人类最高科学技术革命成果的推动，也需要一场全新的、更广泛的社会变革。

1. 病入膏肓

世界两次工业革命的成果之一，就是把化学工业从实验室带到工业化生产。许多化学产品逐步取代传统的工具、武器以及日用品，进入人类的生产、生活与社会、政治、军事活动的方方面面，化学品的污染也随之而来。越来越多的人认识到化学品污染的严重性，更多的人期望着改变。但目前人类所面临的是：似乎陷入一种污染，治理，再污染，再治理无法解脱的怪圈之中。如果没有新的突破，人类噩梦还会继续下去。

从世界范围看，与碳排放的治理相比较，治理化学污染更为艰难。这是因为：其一，化学污染治理相对弱势。化学污染还没有像气候变化那样受到各国和国际社会普遍重视，没有在国际社会形成广泛的共识。其二，人们在观念上还根深蒂固地认为化学污染不可避免，就像人们认为化学产品离不开人类生活一样。其三，化学污染几乎无所不在，无所不包，存在于人类的各种生产、生活活动之中。不仅治理难度大，阻力大，所需投资也是最大的。

化学物质对人类生存环境的侵染，可以用一句成语“病入膏肓”来形容①。膏肓是人体中心脏和隔膜之间的位置，中国古代医学认为是药物和针灸都不能到达的病灶。如果把现行的各种基于环境保护的控制污染措施比作人类治疗环境病的药物的话，这些药是达不到治疗效果的，因为污染已经进入到了人类社会的“膏肓”。为此，就有必要另择新路，设法把污染从人类社会的“膏肓”中驱赶出来。这种方法就是新产业革命。

2. 新产业革命

新产业革命就是借助新的科学技术和工艺，改变传统的化工产业链和产品结构。以全新的工艺和生产流程替代现行的，逐步使化学生产

① 《左传成公十年》：医生曰：“疾不可为也。在肓之上，膏之下，攻之不可，达之不及，药不至焉，不可为也。”

“零排放”，化学产品“零污染”；或者以“无污染”的非化学产品替代目前无所不在的化学产品，从而彻底改变人类生产和生活方式，从根本上摆脱对化学产品的依赖。那就会将人类社会推进到一个全新的文明阶段——“零化学污染”时代。

现代社会的科学技术发展，特别是IT产业兴起，互联网与信息化，已经为这种革命性改变奠定了坚实的基础，催生了这种以高科技为龙头的新产业革命。借助信息化，新产业革命将会对于包括但不限于化学产品污染等问题提供解决方案。这一解决方案应包括三个方面：(1) 对于现有化学产品生产的全过程进行有效控制，广泛使用新技术、新工艺，使污染排放减到最低限度，直到零排放。(2) 开发与推广无化学污染的新材料、新产品，逐步替代现有的含化学污染物的产品，淘汰化学污染的产业链。(3) 政府通过信息化渠道进行更有力的行政与经济杠杆干预，通过国家与政府的限制与鼓励政策，税收与财政补贴等，对化学污染企业与生产予以限制与淘汰，对替代产品及生产予以鼓励与扶持。

3. 温水煮青蛙

考虑到困难和曲折，应把这一革命进程纳入一个渐进的、长期的战略规划。所谓渐进战略，类似于“温水煮青蛙”，就是在巩固已经取得治污成果基础上，积极出台新的，更加严格的控制污染措施，把有毒物质污染许可值再减低一个等级。经过一个时期巩固，再出台新的，更低污染的控制措施，以此往复，直至最后达到“零污染”标准。所谓长期战略，是指从有毒物品污染多样性、复杂性出发，立足于长期的控制战略，每次新标准出台，要建立在巩固前次治理成果基础上。不求快，但求稳，不求数量，但求质量，一切从人们承受能力和生产、生活实际情况出发，扎实推进。

通过发展高科技，积极发明和发现新的无污染物质和材料，替代现有生产、生活中有毒污染的物质和材料。这种替代也可以是一个渐进过程，即先期用低污染物质、材料替代高污染物质材料；进而用更低污染或者无污染物质材料替代低污染物质材料。此外，还可以在高科技的支持下，用新的“零污染”生产手段、生活方式整体淘汰旧有的生产手段、生活方式。

提倡在新科技的引领下渐进的控制与替代战略，与新产业革命并不矛盾。因为化学工业新产业革命所解决的是生产空间、体制与管理层面的问题；而渐进的控制与替代战略所解决的是产品的质量与三废的处理问题。前者是外部的生产体制和生产环境，后者是生产行为和产品本身。二者是互为表里，相辅相成的关系。

二、　零污染工业园区

如果从单纯的工业生产园区化看这场新工业革命，其实也算不上是一项革命性措施。因为工业园区自从 18 世纪工业革命以来就存在，但当时的园区主要的基于地域、原料、产品的集散和运输等因素，很多情况下是自然形成的，并没有考虑或者从根本上忽略了环境的因素。世界现代工业以及中国改革开放的近 40 年来，工业园区的建设已经在考虑环境的因素，也不乏严格的环境因素评估和产品质量检验、排污标准限制等措施。但这些还不能算是零污染工业园区。因为真正意义上的零污染工业园区化应该是以园区污染物零排放、产品无污染为目标而建立的。零污染园区化就是以零污染为目标的新产业革命。这场新产业革命与过去的工业革命的不同之处就是在工业生产中根除污染，打破“有工业生产就必有污染”的魔咒。实现这场新产业革命，应规划为两个战略步骤：首先是工业产业园区化，所有工业企业进入园区，使三废污染不出园区；其次是工业园区内用无污染的新产品逐步替代和淘汰含有化学污染物质产品。具体分为三个实施阶段。

1. 污染之虎关进笼子

公元前 496 年，56 岁的孔子因遭到鲁国君主的冷遇后周游列国。路过泰山时看到一妇人在坟墓前哭祭，派学生去打听，得知其儿子、丈夫、舅舅均被老虎咬死，孔子惊问其为何不躲离此地，妇人答：“无苛政。”于是孔子对学生说：“小子识之，苛政猛于虎也。[①]”从此“苛政猛于虎”作为一句成语流行于世。当今社会无所不在的污染，比古时吃人的老虎有过之而无不及，可谓“污染猛于虎。”而且这些“污染之虎”就是遍布世界各个角落的工业企业，它们排出的三废，使人防不胜防。新产业革命的第一步，就是要将形形色色的污染之虎关进笼子，使之不再危害人类。而这里所说的“笼子”，就是各种新型的工业园区。

传统的工业企业一般都是建在江河湖海边，除了交通运输方便之外，还有一个重要的原因就是排污便捷。工业企业的污水直接排入江河湖海之中，造成大面积的水体和土壤污染。例如，20 世纪 50 年代日本

① 《礼记 · 檀弓下》。

濑户内海的污染案例，沿海企业的排污不仅将 2 万多平方公里的海洋变成死亡之海，还引发了闻名世界的水俣病。虽然在现代社会国家和政府推进强制性的污水处理措施，但由于工业企业坐落分散，不便监管等人为的原因，企业为减少生产成本，偷排屡禁不止。例如中国改革开放以来，随着工业化进程的突飞猛进，暴露出众多的江河污染事件，致使多数河湖水质下降，鱼虾死亡，近海赤潮频发，这些都是由于对排污监管不力，偷排频繁引起的。综观世界，由于工厂事故引发的大面积污染，更是触目惊心。例如，1986 年 11 月的莱茵河污染事件，瑞士和德国的两家化工厂相继发生爆炸、泄漏事故，致使数千吨计的剧毒农药和有毒化学物质流入莱茵河，致使这条欧洲的母亲河数百公里鱼虾死亡，河水、井水被污染，沿岸城市的自来水供应被中断，被世界称为与切尔诺贝利核电站爆炸齐名的污染事件。另一个类似案例是发生在多瑙河上的两次污染事件。这条被誉为“蓝色多瑙河”的欧洲第一大河，1999 年科索沃战争期间，由于北约炸毁了南联盟的诺维萨德炼油厂，大量有毒污水流入多瑙河，致使沿河居民不能饮用；2000 年元月末，一场更大的浩劫悄然降临，位于罗马尼亚的一座澳大利亚金矿发生尾矿坝泄漏，致使 10 万余升含有剧毒氰化物以及铅、汞重金属的物质流入多瑙河的支流蒂萨河，进入多瑙河后，致使沿河多国受害，也使黑海被污染。由于多瑙河的污染事件，流域内大量鱼类死亡，飞鸟绝迹，美丽的多瑙河成为历史，人们惊呼世界末日的到来。除了污水的灾难，工业企业排放的有毒废气、对有毒废渣的违规处理，更是贻害无穷。例如，世人皆知的伦敦烟雾污染，洛杉矶的光化学污染，印度的博帕尔农药厂爆炸事件，北美的死湖酸雨事件等。上述令人“谈虎色变”的事件还只是这类污染之冰山一角。由此人们也可以理解那些进入发达社会的西方国家为什么愿意耗费巨资率先开展环境治理。由此也更有理由说明为什么要建立新工业园区，将污染之虎关进笼子里的必要性。

新型工业园区的建设，首先应是在吸取过去工厂或者工业城市建立的水边的教训，改变传统上的上游取水，下游排废的做法；其次要改变传统的只管生产、不顾污染的理念；其三要便于监管和处置。污染之虎关进这样的笼子，首先考虑的就是不再使其走失；其次要考虑由谁来打造这样的笼子，如何打造这样的笼子。

新型工业园区建设应该由政府主导，企业积极配合。形式上可以由国家和地方政府负责建设或者委托企业建设，其建设标准除了符合正常的工业园区的建设标准之外，还应特别规定具有监督和处理污染的能力。所有工业企业都必须建立或者迁入分门别类的工业园区，国家和地方政府应采取强制性措施，通过税收和补贴杠杆，或者增收排污费等手段来执行这一收纳计划。考虑到各国和各地区发展的不平衡，可以设定一个过渡的时间表，超出过渡期，所有未入园区的工业生产企业，要全部关停。从此之后，在一个国家或者地区范围内，就不存在游荡在工业园区之外的污染之虎了。

考虑到治理污染的经济性和专业性需求，工业园区的设定要尽可能专业化，将同种工业产品的生产企业归入小园区，再将同类产品的小园区归入大园区，以此类推，可以根据实际情况组成大园区或者超大园区。此外园区设计还要考虑到产业链的上下游关系，原料和再生原料的供给及销售渠道与市场等情况。这种园区的设计还要考虑更有利于“三废”的处理和有用物资的回收和资源再生。

2. 工业园区零排放

新工业园区不是“动物园”，“污染之虎”被关进园区并不是“颐养天年”，也不是放任自生自灭，而是通过严格的监控和污染治理措施，对工业企业所排放的三废在园区内进行无害化处理，并回收有用物质，达到园区污染物零排放。此举可以根据生产方式和产品的实际情况，有的是由生产企业自己对三废物质进行零污染处理，园区只承担监督职责；有的是由园区对三废物质进行零污染处理；还有的是由企业自己处理一部分，再交由园区处理。有些园区无法自己处理的特殊物质：例如，放射废料、剧毒物质、无法自行回收的再生原料等。可以在进行无泄漏的预处理后，交由专门的存储或者回收机构。但不论使用哪种处理方法，园区的围墙是三废污染的死亡线，园区除了排放洁净的水和空气，再无任何污染物排出。通过这一措施，可以彻底消灭企业过去向空中、水体和土壤排放三废污染物的现象了。实现新工业园区污染物零排放，具体应从五个方面落实：

(1) 化学污染气体零排放。化学污染气体，是指二氧化碳之外的其他有害气体。这些有害气体因工厂的生产类型不同而不同。例如，发电、燃煤企业排放的含硫气体以及烟尘；垃圾焚烧排放的二噁英气体；石化企业排放的甲烷、乙烯；以及因事故泄漏的氯、硫化氢、甲醛等。这些有害气体是造成酸雨、光化学烟雾、雾霾的主要成分，也是化学污染的飞虎队。降服这些飞虎队的主要方法就是不让它们飞上天，在排放之前通过除尘、过滤等净化手段，将这些有害化学物质从废气中分离出来，回收其中的有用成分，例如，硫酸、甲烷、乙烯等，对于无用的或者当时还不能处理的有害物质，要脱水封存。总之，园区气体的排放要达到真正的零污染排放，比目前环保要求的达标排放更为严格和彻底，需要更高的成本和科技含量。

(2) 污水零排放。工业污水是造成水体和土壤污染的主要元凶，关进园区的企业已经杜绝了偷排的可能，所有的污水都无处可排，均置于监管的阳光之下。唯一的出路就是将其净化、回收并重复使用。工业污水可以分类为酸性废水、碱性废水、含酚废水、含铬废水，含有机磷废水和放射性废水等。除了放射性污水之外，绝大部分的污水可以在园区内处理。其中含有大量有用的化学成分，均可以在处理中回收，作为再生资源利用。从原料资源的角度看，工业污水是一个工业原料的“富矿”。开发这一“富矿”，既可杜绝水体和土壤的污染，又可得到众多工业原料，因此是一举两得的好事。如果引入商业化运行，加之政府的支持与补贴，可能还会发展为一类朝阳环保产业。

(3) 工业废渣无害化处理。工业废渣主要包括冶金废渣如高炉废渣、有色金属废渣等；采矿废渣如尾矿、煤矸石等；燃料废渣如粉煤灰、烟道灰和煤渣等；化工废渣如硫酸渣、电石渣、汞渣、废塑料等。这些废渣如果不经处理堆放，会造成大气、水体和土壤的严重污染。在工业园区中，这些废料可以进行分类再加工，提取了其有用成分后，最后制成水泥、建材。对于放射性核废料，要进行无害化封存后，送进专门的储存基地。在所有的工业废渣处理中，有三类是需要特别予以重视：它们是尾矿、煤矸石和化学工业废渣。对此要进行特殊的专业处理。这三类废渣历史的欠账巨大，例如，有些地方的尾矿坝容量巨大，一旦溃坝，就会造成村庄、农田毁灭，大面积的污染；在一些老煤矿地区，到处可以看到像金字塔一样的巨大矸石山，每座矸石山都是巨大的污染源，不仅有大量的温室气体排入大气，还会通过雨水污染周围的土地和农田；化学工业废料更是严重的污染源，许多发达国家将化学工业废料转移到发展中国家，造成了污染的国际化。对上述历史上遗留下来的三类工业废渣的处理，其难度也不亚于对被污染的土地、江河湖海的治理。对此还需要另行规划与治理，需要巨大的经费和科学技术投入。

(4) 资源回收和原料再生。资源的回收与再生，是与上述三废的治理同步进行的。三废的无害化处理，其实是兼有回收资源和制造再生原料功能。园区化的资源回收和原料再生，应设计为一种企业出资、政府扶持和商业化结合的模式。在这种模式中，一切都设计为一个整体，包括从治污到回收，园区各企业不同三废的处理与回收，以及与园区外的协调。三废排放企业承担主要治理责任和资金，政府负责监管和资助，治污和回收要逐步纳入商业化运作，资源回收后创造的经济效益，加之企业的资金和政府的补助，可以使园区在实施污染物零排放中有利可图，而不是贴钱。这样就可以调动园区管理者的积极性，也可以吸引投资。

(5) 防止和杜绝污染事故。首先在园区的选址上，应远离居民区，并与周边的水系隔离，即使有泄漏，也不至于使泄漏物进入人类生活区或者水系之中。其次园区本身应有严格的预防事故的设计与预案，一旦有事故，要尽快消除，并将损失控制在尽可能小的程度。其三，也是最重要的，就是企业本身要有严格的管理制度和应急预案，要有训练有素的工作人员和无懈可击的操作规程，园区要有切实有效的监管体制。虽然企业进入园区本身，就是多了一层防止和消除事故的保护网，但并不意味着进入了保险箱，事故意识永远是企业和园区的灵魂。

除了园区严格的管理外，国家和政府应该对工业园区排污实行零容忍制度。即通过立法或者严厉的行政手段监督和制止园区向外排放任何化学污染物、包括含化学污染物的空气和水。

园区的污染物零排放，还可以有效防止二次污染物的生成。例如，污水中各种有机、无机的有毒化合物的生成，如果在工厂排出前就处理了，就杜绝了这些毒物生成的条件；再如空气中光化学烟雾、酸雨、雾霾的生成，如果企业排放的都是洁净空气，也就失去了产生的可能性；再如有毒物质的生物富集，最后毒害人体，如果没有有毒化学物质排出，一切都成了假设。由此可见，新工业园区化的建设，其实就是一个消除化学污染的釜底抽薪之举。

3. 园区产品向零污染过渡

进入园区的企业，有两种情况：一种是“根正苗红”的零污染产品企业，但这些企业的生产成本自然要高于其他非零污染企业。这些企业靠零污染产品的质量赢得消费者的认可，国家和政府也会对其有各种扶持和支持政策，这类企业代表着新兴的工业革命趋势，是园区重点进行扶持和保护的。另一种企业是目前大量存在的传统的工业企业，这类企业被强制迁入园区后，被强制实施三废零排放标准，但产品仍有不同程度的污染存在，对此有一个逐步向产品零污染过渡的过程。

在园区内生产仍残留着污染的产品，有的是在生产过程中污染的结果；有的本身就包含在产品中。例如，农药中的苯、印染纺织品中的铅。园区的功能就是不断通过新工艺、新技术，使生产中的污染不断缩小，严防产品本身受到污染；同时积极采用新工艺、新技术，发展替代型材料，替代现有的含有污染物质的化学工业产品。

园区对输出这类产品也要采用两步走或者过渡性策略：第一步，保障所输出的产品符合国家或国际社会的产品质量标准，即污染物的含量不超过或者低于标准，包括减少生产过程中对产品的污染。第二步，研发新产品、替代产品，逐步淘汰含有污染物的产品，并采用新技术、新工艺，杜绝生产过程中对产品的任何污染。

工业园区化既是一个刚性制度，一个强制性的行政管理措施，又是一个渐进的、逐步收紧的转化过程。它的刚性和强制性表现在工业生产企业必须进入园区方可生产，没有别的选择，非园区的产品非但没有市场，而且要被定性为非法产品；三废不出园区，园区承担三废零排放责任和产品零污染检验责任。它的渐进性表现在园区前期输出的产品并不是绝对无污染的产品，而是由符合国家污染标准的产品逐步过渡，从符合国家标准，到低于国家标准，最终过渡到无污染产品。

4. 园区也阻击物理污染

新工业园区的建立，原本是为杜绝化学污染而设计的。然而这样的园区是否也应有阻击物理污染的功能呢？如果应该有，那就意味着在园区的整体设计思路中，要有新的防治物理污染的元素。这是不是狗逮耗子，多管闲事呢？对此的答案是否定的。这是因为，物理污染与化学污染本来就是污染家族中的“两兄弟”，它们在很多情况下是伴生的，处于不可分离的状况。例如，火力发电设施，在消耗化石能源，释放二氧化碳的同时，产生电磁辐射和热污染；再如飞机、汽车在释放二氧化碳的同时，产生噪声；现代社会中任何一家工厂、企业的生产活动，都会有不同程度的化学污染与物理污染存在。因此，在一个园区中，仅从化学或者物理一个方面治理污染是不现实的，也是不经济的。人们在建立新工业园区时，必然要对所有污染问题进行综合考虑和设计，对此不应理解为多此一举。

新工业园区对于物理污染的阻击措施，主要是根据物理污染的特点设计的，包括对于噪音、电磁辐射以及放射污染隔离措施，对于光污染的遮挡措施，对于热污染的禁排措施等。

5. 胡萝卜加大棒

如果从现有的科学技术和人类社会的经济能力考虑，在全世界范围内建立各种类型的新工业园区，将所有的工业企业都置于园区内，都不存在问题。但为什么人类社会明知是好事儿还有犹豫呢？这里其实还是一个人类社会战胜自我的老问题。其一是思维的惯性，包括前面讨论的文明观、发展观。人类突然发现自己引以为自豪和骄傲的价值观出现了巨大的失误，世代相传、遵从的生产、生活秩序需要颠覆，也许比为此发展科学技术，投入资金更难以被广泛接受。其二是利益的博弈。现代社会的各种生产活动，都是与利益密切相关的。包括现在的环境保护措施与环境监管，都是公众利益与利益团体之间的博弈。将现行的工业企业全部纳入新工业园区，所涉及的是现行工商业主流社会的利益。从市场经济的角度来分析，除非能够认识到新工业园区化后，可以赚到更多的钱；或者认识到如果不这样做，将赚不到钱或者赔钱，否则没有企业情愿这样做。对此，需要利益与强制两种手段并用，胡萝卜加大棒，方可将污染之虎降服于笼中。

为此，在建立新工业园区时，就要充分考虑到这些现实问题，除了要注重改变人们观念的惯性外，还要立足于利益的调整，在公众利益和企业利益之间找到某种平衡或者妥协。给商业化运作以更大的空间，充分发挥各方面的积极性。

三、 农牧业产业革命之工厂化

1. 农耕文化的功与过

人类农耕文化大约起源于距今 1 万年前后，在之前的数百万年或者更长的时间，人类或者其祖先依靠采集果实和打猎为生，由于火的使用，制作工具的进步，语言的沟通，加之人类依靠集体的力量，逐步上升到食物链的顶端。由于人类有了多余的猎物，一些活着的猎物不急于食用，就养了起来，一些雌性的猎物在饲养期间生下了幼子，人类于是受到启发，开始繁殖这些动物，之后发现繁殖的收获要比打猎来得轻松而且稳定，于是最早的畜牧业产生了。人类开始最早的粮食蔬菜种植，也可能是出于偶然的发现。原始人类采集到的果实需要储存到冬天食用，这一点连田鼠都会做。但在来年春天就会发现，原来运输和储存果实的地方，会因为遗撒而生长出新的禾苗、菜苗或者树苗。对于田鼠来说，这些植物与自然界的植物没有什么不同，等到成熟时继续采集而已。而对于人类，却是划时代的发现，一些有心人（也许就是神农氏）来年将果实种植到更适合作物生长的地方，获得了比采集更高的收获，于是农耕开始了。从农耕和驯养动物开始，人类告别了渔猎采摘生活，进入了农耕社会，此时应属于历史学上的新石器时代。

中国古代《周易》记载："神农氏作，斫木为耜，揉木为耒，耒耨之利，以教天下。"传说中的神农时代应在公元前3500年之前。此时已有考古证据证明了在黄河流域和长江流域存在大量农耕文化。例如，陕西华县的"老官台文化"；河南武安的"磁山文化"；浙江余姚的"河姆渡文化"等。这些考古文化遗址充分证实了当时在黄河、长江流域已经普遍存在农业耕种和饲养家畜，并普遍使用陶器。由此也证明了神农氏开创中国古代农耕文化并非传说。

之后为了获得更高的收益，人们逐步告别了刀耕火种的生产方式，为植物生长准备了良好的土地，施肥、灌溉、除草、除病虫害。为了大规模的耕种和更高的收获，人们还借助于畜力、机械以及大量使用化肥、农药。经过数千年的发展，人类形成了完备的农耕文化体系。而采集果实和打猎，逐步退却到从属的地位。可以毫不夸张地说，农耕文化孕育了人类，是现代工业化之母。然而，任何美好的事物总有其另一面：当现代社会中的人们被工业污染逼得走投无路的时候，却不曾发现，地球也早已被农耕文化"修理"得面目全非了。借助工业化的帮手，农业污染正在更大规模地、深度地破坏着地球；正在更无情地，无节制地掠夺着地球的资源。当大片的原始森林被开垦成耕地，因灌溉导致江河水位下降、湖泊与湿地消失，因过量使用化肥导致土壤板结，因开垦土地和过量牧放导致荒漠化加快，人们也不得不惊叹农耕污染导致的地球环境灾难并不比工业污染逊色。

目前世界上绝大部分的适人生活土地用于农牧业生产。不仅生产效率低下，而且由于大量使用灌溉、化肥、农药，致使淡水资源大量浪费，还造成化肥农药残留污染，土壤质量下降，部分土地、水体生态灭绝。土地、淡水资源日益紧张，现有的土地与农牧业生产方法，将无法养活日益增长的世界人口。人们不得不向荒漠、森林、湿地、湖泊索取农牧业用地，从而导致生态环境更加恶化。在一些落后和水资源匮乏的国家和地区，不时发生粮食短缺和饥荒。更为悲催的是，不仅在人们传统观念中，而且在现实生活中，城乡差别巨大。城市意味着先进的生产条件、富裕和现代化的生活、发达的科学技术与文化；而农村意味着愚昧、贫穷、落后与原始的生产方式，包括繁重的体力劳动与低效力的耕作。这是多么具有讽刺意味的事啊！人类第一需求的绝大部分食粮，居然是用最为落后方式、最为浪费资源的代价生产出来的，而人类对此却习以为常。

土地除了农牧业自身滥耕、滥伐、滥放（牧）造成自然资源的严重破坏之外，还是工业污染的延续，如工业污水导致灌溉用水的污染，工业废气造成的酸雨、雾霾，工业和城市垃圾造成污染等，使本来落后的农村雪上加霜，特别是一些发展中国家的农村，比城市的生活环境更加恶劣。在水灾频发的孟加拉，在干旱连年的非洲，自然灾害造成更严重的人道主义灾难，在这些地区，人们甚至为了生存而容忍污染的存在、放任自然生态的破坏。由此可见，为了地球生态的恢复，为了人类不受污染之害，为了人类更有效的抵御自然灾害，终结近万年形成的农耕文化，进行一场农牧业产业革命势在必行了。

虽然不排除现代科学技术对于农牧业生产的推动。包括先进的灌溉方法、土壤改造、种子革命以及各种高科技的应用。但这些新科学技术的宗旨是提高农牧业产品的数量与质量，而不是从根本上改变生产方式，因此还不能称为真正意义上的农牧业产业革命。

本文所推介的农牧业产业革命，是指农牧业生产工厂化。即由田园化的农牧业生产方式转变为工厂化生产。工厂化农牧业生产，其实已经有了许多成功的先例。如机械化的养禽养畜，工厂化养殖菌菇，无土培养蔬菜，工厂化生产花卉等。但粮食作物，特别是主要粮食作物的大规模工厂化生产，似乎还是凤毛麟角。工厂里真的能种出稻麦等粮食作物来吗？工厂化的粮食生产可以满足人类的粮食需求吗？这些粮食的质量会不会下降？回答上述问题，不仅需要从地球生态环境和人类的生存空间方面进行探索，还需要解决科学技术与经济能力方面的可行性。

2. 上帝的奖赏

在人们的心目中，革命意味着巨大的改变和破坏，特别是社会制度革命，代价之大，会给人类造成永久的创伤。然而相对于这场改变万年来人类农业生产方式的革命，虽然需要巨大投入的代价，但人类由此获得的利好却是意想不到的丰厚。这使人联想到上帝奖赏的故事。1963年，美国的一个叫玛丽·班尼的女孩写信给《芝加哥论坛报》儿童版主持人席勒·库斯特，表述她的困惑："上帝为什么不奖赏好人，为什么不惩罚坏人。"库斯特先生为此长期困扰，在参加一场婚礼中，由于新郎新娘错戴了戒指，牧师幽默地提醒："右手已经够完美了，你们还是用来装扮左手吧。"席勒突然顿悟了上帝用心所在："上帝使右手成为右手，是对右手的最高奖赏；上帝使善人成为善人，就是对善人的奖赏；上帝使恶人成为恶人，就是对恶人的惩罚。"上帝对人类的奖赏，的确不同于玛丽等孩子们直观的理解。人类拯救地球的农牧业革命，这一至善的行为会收到至善的回报，而这种回报即上帝的奖赏到底有多大呢？

(1) 节约大量土地资源。未来的农牧业工厂化生产，可以使大量耕地和牧场闲置。如果以现有的工业化养殖行业为例，一个机械化养殖场，所需的土地应该是牧场的千分之几；如果以现代的蔬菜无土培植为例，所需的空间应该在大田种植的百分之几。参照这些，考虑到粮食作物的特殊情况，保守的估计所需空间应在大田种植的百分之十以下。这就意味着，农牧业工厂化全面实现后，可以节约大量的耕地和牧场。人类用于改善居住环境，也大约最多用去三分之一。这样至少还有三分之二以上的多余闲置土地，用来恢复生态平衡，改善野生动、植物的生存环境。加上原有不适人居的山地、森林、荒漠与湿地，人类生产、生活活动只要原来总面积的30%～40%就足矣。这样地球生态就会达到一个合理的、大致的平衡。地球生态灭绝的灾难将不会继续。试想如果地球上再也没有那么多农田和牧场了，地球的整个生态系统就会有巨大的变化。就凭节约土地这一点，农牧业工厂化就会得到人们广泛的赞同与追捧。

(2) 节约宝贵淡水资源。目前农业灌溉用水，占据地球淡水资源的绝大部分。但农作物对灌溉用水的吸收，不到灌溉用水的10%，其他部分，不是被蒸发，就是被流失。如果采用工厂化生产，包括辅助消耗用水，其用水量至少可以节约70%～80%。农牧业工厂化节约出来的淡水资源至少是人类目前工业、生活可用水量的数倍。人类社会将不会因为缺水而困扰了，江河湖海再也不会因为人类过度采水而干枯了，世界范围内的淡水紧张将得到彻底缓解。

(3) 节约肥料。以化肥为例，目前所施用化肥只有30%左右被植物作为营养吸收，其余部分除了少量被挥发外，绝大部分被水带到地下深层土壤，或者随着排水系统进入江河流失。化肥的流失导致土壤质量破坏，水体污染。土壤中的农家肥以及其他植物养分，也面临同样的流失和污染问题。工厂化农业，至少可以节约现有化肥的70%。

(4) 没有农药、兽药残留污染。农牧业工厂化生产，可以使用更多的物理的方法控制和消灭病虫害和牲畜疾病。即使有限的使用农药、兽药，也必须是在确保无任何残留的前提下，与目前大量、无节制使用农药、兽药相比，农牧业工厂化生产所使用农兽药的数量接近于零。从而将彻底改变目前这种大量有害物药残留于农牧产品，对人体造成毒害的状况；也从根本上改变大量的残留农药被排入江河，污染水体和土壤，造成生态性灾难。

由此可见，上帝给予人类的奖赏，不仅是足够用于地球生态改善的土地，还有丰富的江河淡水资源、富有营养且无污染的食品，且节约了大量的化肥与农药。奖赏之大，是人类难以拒绝的。然而，万能的上帝从不给人免费的午餐，人类获得奖赏的前提是实实在在地完成农牧业工厂化的革命，人类有能力完成这场革命吗？

3. 工厂种稻麦并非天方夜谭

从现代科学技术条件和人类经济能力看，全面实现农牧业的工厂化生产的条件已经具备。农牧业工厂是完全可以取代现有的耕地和牧场，生产出足够满足人类需要的，质量优良且无任何污染的粮食、蔬菜和肉类。

(1) 现代科学技术已经为农牧业工厂化奠定了基础。相比工业生产，现代科学技术在农牧业中的使用有限。而农牧业工厂化生产，基本还是一个全新的领域。这一领域包括各种物理的、化学的、动植物营养学的、生物与遗传工程的、自动化的、计算机信息与互联网等方面的诸多科学技术，以及新材料、新工艺的集大成。从目前世界范围的科学与技术发展水平看，如果不考虑成本，是完全可以胜任并完成所有农牧业工厂化生产的步骤的。但成本问题也确实是一个难以逾越的现实问题。由此决定了农牧业生产工厂化是一个长期的渐进过程。

所谓在长期目标下的逐步推进，就是先易后难，选择已有成熟经验的行业或者领域为突破口，进行工厂化规模生产，如畜禽养殖，菌菇养殖，蔬菜无土栽培等，逐步取得经验和技术，再向其他行业、领域扩展。在技术条件和经济条件许可的情况下，国家和政府应鼓励和倡导成立工厂化生产的试验基地、示范基地，从养殖、蔬菜逐步向粮食作物发展，在取得经验的基础上，稳妥推进。

(2) 人类已经具备了逐步过渡到农牧业工厂化的经济基础和管理经验。虽然人类目前的经济能力和精神能力都不具备承受全面工厂化生产农牧业产品的转型，甚至不可想象神农氏以来开拓的农耕文化从我们这一代开始消亡。然而从人类社会迄今所积累的财富和管理经验看，开创并推进这一转型还是绰绰有余的。这一进程在开始阶段可能是缓慢的、渐进的。但当人类社会一旦认识到了农牧业工厂化生产的巨大利好，加之人们又可以从这种转型中受益。那就可能会产生不可逆转的动力，推动历史车轮前进。而国家和政府此时的工作可能是适得其反，是防止出现过热现象，设法减慢这一进程，以免因某些粮食、食品生产的无序造成短缺或者过剩引发社会危机。

由于人类已经认识到了通过工厂化的革命可以获得上帝丰厚的奖赏，那么聪明的人类就会提前利用这笔奖赏，用于支付工厂化革命的费用，就像购买期权一样，对此上帝也一定不会反对的，或许这才是上帝的用意所在。这种提前支付可以使用的形式会有许多，例如，由国家或政府通过发债或出售未来的土地和水资源，所筹集的资金用于工厂化建设；再如，用 PPP 模式建设农牧业工厂，用未来的土地和水资源的收益作为分期支付保障。此外还有众多的类似支付方式供人类选择，人类似乎在此项建设方面也“不差钱”。

4. 其实是更大一些的工业园区

该工厂化其实也是一种园区化设计，只不过由于生产职能不同，农牧业生产园区与工业生产的园区并不雷同。由于人类社会目前还没有农牧业生产园区的经验，因此，要描述其大致状况与科幻小说无异，只能是在立足于现有农牧业生产和工业园区经验的基础之上进行设想。

(1) 农牧业园区的规模和空间要大于工业园区。虽然是工厂化生产，但考虑到农作物和畜禽的生长周期较长，所需要的空间也要比工业生产大得多。由于工业化生产效率要比现行农牧业生产提高许多倍，效率与空间应成反比例关系。即工厂化生产的效率越高，所需的空间越小。因此在未来的农牧业工厂化生产过程中，开始的空间相对要大一些，随着效率的提高，所需的空间会有逐步减少的趋势。

(2) 农牧业园区的产品与生产工艺、流程将更趋专业化；产品将更加完美无瑕。农牧业园区化将催生相应的专业科学技术群落，是现代农牧业科学技术与工厂化生产设备与生产技术的结合。与过去农牧业生产科技含量低的现象相反，未来的农牧业工业园区应该是集人类科学技术之大成所在。人类社会最高的、最密集的科学技术将在此落户并发展。因为农牧业生产园区要生产的产品，应该是结合了自然环境生长出来的农牧业产品的所有优良品质，并且避免了目前农牧业产品的所有污染和有害成分。生产的产品不但会保留现有的多样性，而且每一种都应是完美无瑕的。这种近乎完美的产品，不仅是保障人类健康的食物来源，也是其他行业的清洁原料来源。如果没有人类最高端的科学技术保障，是不可能实现上述目标的。

(3) 农牧业生产园区应是一个微观的生态自循环系统。由于农牧业园区的产品侧重与种类不同，这种自循环系统不会是某种固定的模式，大多会因地制宜，并与市场需求联系。所谓的微观生态自循环，是与宏观上的地球或者某个地区的生态循环系统相比而言的。具体到某个农牧业生产园区的生态自循环系统是个什么模式，目前尚无任何已有的先例或者设计。如果根据现在的农业生态示范园区的形式推断，其完美模式应该是一个集种植、养殖，农牧林水一体化的封闭的生态循环系统。这个系统中，既要依靠最新科学技术的支持，又要严格遵循自然生态的规律行事。生态和循环系统应该尽可能通过系统中的生物多样性，达到相互利用和消化废弃物。如用所生产的部分粮食和作物的秸秆养殖畜禽，畜禽粪便加工后养殖水产品，水产养殖场的废液，以及畜禽、水产品加工后下脚料用来制作沼气，沼气废液用来制作农家肥，农家肥再施用于农作物和蔬菜。以此循环，系统中除了补充一定的水、肥、微量元素和辅助材料外，尽可能多的利用自身的原料，自给自足。

(4) 农牧业生产园区将催生一批辅助产业链。农牧业工业园区是一个前无古人的宏大事业。需要汇聚大量的辅助产业支撑。如有关的科学研究产业，通讯与信息产业，设备制造产业，能源动力产业，原料供应产业，供给与维修产业，供销与运输产业等。这些产业本身就是高科技，新材料、新工艺的产物，其功能是足以保证农牧业生产园区正常运行和不断发展完善。

相比建立工业园区的革命，建立农牧业园区的阻力要小一些。原因有两个：其一是有节约土地和淡水资源的巨大利好，人们会看到其中的巨大商业利益而乐于投资；其二是相对落后的农牧业，过去的投资较少，因而不会像工业园区的建设那样使利益集团伤筋动骨。此外相比宇宙探索、核聚变发电、石墨烯技术、分子机器人这些尖端科技，在农牧业园区化的建设中，除了生物基因技术、遥感自动控制技术等属于高科技之外，多数为现代的成熟科学技术。由此可见，建设农牧业工业园区，虽然规模巨大，但会比工业园区建设更顺畅一些。

四、 长生之梦与医学革命

人类的长生不老之梦，已经做了数千年了。公元前 221 年秦始皇统一中国后，曾派遣徐福带着大量金银财宝和数千童男童女入东海寻找仙山，求取长生不老之药。徐福一去不还，害得这位中国历史上最伟大的帝王在海边苦等（史说东巡）中去世。公元 649 年（贞观二十三年），年仅 52 岁的唐太宗李世民，因为误信长生不老的“丹药”，“服胡僧药，随至爆疾不救”。然而更具讽刺意味的是，李世民之子，唐高宗李治继位后，仍沉迷于服用丹药，在 56 岁时（公元 683 年）中毒身亡。由此可见，连古代这些伟大的帝王都因追求长生不老不得善终，平民百姓就更不敢奢望了。于是人们不得不将寄希望于神仙，那些生活在人们幻境中的神仙，由于不食人间烟火，因此免除了劳碌之苦，由于长生不需繁衍后代，因此也没有七情六欲。中国古代有些杰出的人，死后也被推荐进入仙班，例如，嫦娥、李靖（天王）、张果老等。也许是出于妒忌，人们想象中神仙们的生活并不幸福，那些年轻貌美的仙女们为了追求爱情而不惜舍弃长生不老之身与凡人联姻，例如，专司纺织的女神织女与放牛郎结婚生子的故事，玉皇大帝的七公主与卖身为奴的董永的爱情故事等，多少给了无望长生的人们以精神上的慰藉。

既然不能长生不老，人类不得已而求其次，即尽可能延续生命，推迟死亡的时间。于是人们在尝试使用各种精神的、物质的方法来干预疾病、治疗伤痛。这就形成了最早的医疗。之后精神治疗从医疗中分离出去，演化为迷信，那些具有某种治疗疾病功能的物质演化为药品。从此医疗成为人类生命与健康的保姆与卫士，随着医疗的发达，人类的平均寿命也在增长。

现代西方的医学，是建立在近代解剖学和化学试验的基础之上的。对人体器官的手术修补，以及依赖于化学药物（包括抗生素类药物）对细菌与病毒的杀伤，是现代西医的主要治病手段。以中医为代表的传统东方医学（包括蒙医、藏医以及东亚的汉医学），有数千年的传承，是以草药和针灸为主要治疗方法，以经络学和易经哲学为理论依据，这种超常想象力和逻辑思维的中医学理论不如直观的西医理论更易被人们普遍接受。目前在世界医学领域，西医占着主导和统治地位（包括中国的情况也是如此）。然而随着人们对污染认识的深化，现代西方的医学界也已经开始了对西医治病理论的反思。人们开始认识到，大量利用化学药物治疗疾病，其对细菌、真菌毒杀的同时，也会对人体正常生命细胞产生损害。在利用手术切除或修复人体器官时，同时也对人体的完整或者健康造成永久的不可逆转的损伤。医学的治疗只是一种两害相权取其轻的举措。如果能从一开始就避免疾病的发生，就可以避免上述损害，那将是一项釜底抽薪的根本措施。因此，现代医学的理论开始从对疾病的治疗逐步向对疾病的预防转化，未来的医学被描述为“使人不得病的医学”，而不是单纯治病的医学。这就是医学和生命科学革命的主旨。

美国的一些科学家甚至预言，在未来医学与生命科学革命的护佑下，从现在出生的人，甚至可以在理论上做到长生不老，而现存的人类的寿命也可以大幅度的延长。那么未来的生命科学革命，或者说是医疗保健技术的革命究竟有哪些神奇之处呢？从现有收集到的资料与信息综合，包括下列几个方面：

1. 健康感应和监测技术

从人的食物、衣着、住房和出行每一个环节，都有健康的监测和报警装置，一旦有任何污染物质和致病物质对人体产生侵扰，或者有侵扰的可能性，都能及时报警，并及时防控。这样的报警与监控系统将服务于每个人，就像现在的无线通信系统全面覆盖一样。有了这样的系统，无论是国家或地区的医疗监控系统，还是每个被监测者本人，都会对于自己的身体状况和周边可能致病的环境因素等有适时和明确的了解，并可通过咨询系统得到下一步应对的指导和建议。就系统而言，一旦出现大规模的污染或者致病物质传播，系统也会自动作出反应，启动相应的预防和控制措施。

2. 防病和治病一体化

吃药治病，这是人们的常识。但对于吃饭治病，还没有为多数人接受。现在人们流行的食用保健品，其实已经是介于药品和食品之间了。中国有句俗话，叫“药补不如食补”，对于食物的滋补与治疗某些种类疾病，无论是民间还是中医，都有各种配方，有的也称偏方。传统的东方医学使用中草药，其原料主要来源于自然界中的植物、动物以及矿物质。虽然也有化学成分，但多是来源于大自然的物质，不同于化学方法制造的西药。中医界有句格言“是药三分毒”，可见中药也不是完全没有污染的。中药毕竟还是药，其基本功能是治病，而不是充饥。未来医学所推动的具有疾病防控和治疗功能的食品，应该是一个兼有食品和药品功能的东西，除了具有食品的美味和营养成分外，还会暗含着治疗和防病的功能。而且这种功能会通过高科技的调节手段，因人因时而异，对每个人每次的餐饮都会制订不同的配方，进行不同的调整。

在现代生活中，人们已经开始认识到服装、用品以及生活空间对人体健康的影响了。未来医学需要产品具有预防和治疗疾病的功能。特别是服装，除了具有保暖、美观外，还要具备个性化的预防和治疗疾病的作用，包括对使用者个人的检测、预警、治疗等。对于住房、工作场所与公共设施，虽然无法提供个体化预防与治疗功能，但也会在预防损害公共健康事件，提供紧急救助方面发挥作用。在未来的社会，必然会是衣食住行与医疗保健一体化的社会。

3. 化学药品退役

就医疗与生命科学革命而言，真正对于化学产品零污染有意义的，是以化学合成方法制造的药品退出医疗领域（包括含有化学毒性的中药等）。因为含化学成分的药品，从制作到使用的整个过程，都充满了化学品污染的危险。首先是现代制药厂的三废处理问题，一直是环保部门工作的难点，无论是排放的废气，还是废水、废渣，都含有大量的有毒化学物质。其次是化学药品本身，尽管制药企业的研发者还是使用药物的医者，都在力求在药物的毒性和人体可接受程度和最大效力的杀伤病灶之间寻找一种平衡。但化学药品本身对人体的毒害作用是无法回避的，因为医治疾病所需要的正是这种毒性。如果说制药企业的三废问题可以通过化学工业园区化的方式解决的话；那么药品本身对人体的毒害是目前的科学技术还无法改变的。我们不妨打开任何一个药品包装看看，在药品性能说明书上会列出一长串不良反应的症状，所谓的不良反应，其实就是中毒反应的代名词。由此可见，所谓的吃药治病（包括注射），其实是一种以毒攻毒的过程，只是由于人的生命力要强于细菌、真菌，因此杀死了致病菌类。人类的生命虽然不至于因为药物的使用而终结，且人类的新陈代谢能力也会不断修复药物造成的损害，但人类的健康会因为长期、过量的使用化学药物而受到慢性损伤，这种损伤可能是影响现代人类寿命的主要因素。

化学药品真正退出历史舞台之时就是使人不得病的医学获得成功之日。因为人类免受了细菌、真菌的感染，以杀死病菌为目标的化学药品也就自然没有了用武之地，一切的过渡也是水到渠成的。如果真有那么一天到来，传统的打针、吃药就会消失，困扰医疗行业的污染也就不复存在了。

4. 高科技医疗技术

微创、无创手术，基因疗法，DNA 修补，细胞活力提升，抗衰老等医疗技术，以及克隆技术可能改变人类的延续方式。

现代医学的手术治疗正在向微创、无创发展，微型手术机器人，遥感手术技术等，正在改变传统的手术方法。为了防止因为手术创伤的感染，在手术愈合期大量使用抗生素和化学药物的历史也将改写。但在移植治疗中，为了处理排异，仍在大量使用化学药物，有的甚至需要长期服用。目前正在发展的克隆技术、DNA 修补以及细胞培养和治疗等技术，可能发展到利用自身细胞或者器官复制。这样通过细胞修复和再生，或者移植自身细胞克隆出来的器官，就无排异之忧了，从而解决了排异和移植器官来源两大难题。此外，通过细胞活力提升等抗衰老医疗技术的发展，使人类不因年龄增长而保持细胞新陈代谢活力，延缓衰老周期，延长人类寿命。

由于战争、灾害或者事故伤害，一些器官因损毁而无法通过新陈代谢更新，可以通过克隆技术造出新的器官，并移植替代损毁的器官。目前已有的 IT 企业将人类的记忆与思维录入电脑，人类在死亡后，存储于电脑的记忆与思维仍可以通过电脑观察和感受世界，并与人类进行交流。如果这些能够实现的话，那么未来克隆人类的技术发达后，完全有可能在本人死亡之前将记忆和思维录入电脑，在本人死亡后利用其基因克隆一个新人出来，并将本人生前录入电脑的记忆和思维复制到该新人。由此推论，人类未来的长生不老梦可以通过两种途径实现，一种是通过预防疾病的医学，或者更换克隆器官，达到生命长存；另一种是通过将记忆和思维复制到克隆人，用更换身体的方法达到人的思维和意志的长存，在这种情况下，人类对自己身体的外貌或者形态，甚至性别都有了选择的余地。如果上述在未来能成为现实，那将对人类现存繁衍方式以及伦理道德均产生巨大的挑战。

2016年10月5日，瑞典皇家科学院将诺贝尔化学奖授予三位科学家，他们分别是法国的让·比埃尔·绍瓦热（Jean Pierre Sauvage），美国的杰·佛雷泽·斯托达特（J. Fraser Stoddart）和荷兰的伯纳德·L. 费林加（Bernard L. Feiringa）。因为他们共同的成果“发明了行动可控、在加与能源后可以执行任务的分子机器人”。诺奖评委会认为：分子机器在开发新材料、新型传感器和能量储存系统等方面有很大潜力。科学家们预测，20～30年后，世界上将能生产出实用型的分子机器人，分子机器人在医学领域里的应用，将引发医疗与生命科学的巨大变革。

得益于长生不老的梦想，引发了医疗和医学、生命科学的革命。而这场革命的结果，导致了人类对数千年形成的医疗体系的否定和变革。试想通过这种使人不得病的医疗体系，有害细菌和真菌被隔离于身体之外，甚至生活环境之外，人类的健康被照料和控制在最佳状态，如果身体的任何部位受到意外伤害，可以像汽车部件进4S店那样方便更换。在没有伤害的情况下，人类也可以自由选择更换自己的身体的某些部分，甚至全部。如果上述都能成为现实，那将会使人类的生命进程进入了一个全新的领域。这也可能是人类进化中的一个新的突变，人类还是人类吗？抑或真的成了神仙！是啊，如果人类真的具有了长生不老之身，且既可以尽享人间美食和优美生活，又可以保持七情六欲，那还有谁不愿意呢。织女和七仙女们也不用放弃长生就可得到美满的爱情，董永和牛郎们也可与相爱的仙女永恒厮守了。

五、 生活环境之城市革命

人类的生活环境，应该是除了工业园区、农牧业园区之外的所有人类活动环境的总称，包括人类居住、工作、商务、医疗、教育、体育、娱乐、旅游等空间。所谓人类生活环境革命，主要是指对通过各种政治、经济和科学技术手段，改造现存的人类生活环境，使之优美而无污染，既适合人类生存，又能达到温室气体的零排放和生活废弃物的零污染。

人类目前的生活环境，包括城市和乡村两种状态，这是人类进入文明社会以来数十年形成的格局，即以城市为中心，统领乡村。由于近现代工商业的发达，城市规模不断扩大，城市人口不断增加，城市设施不断更新；而农村人口锐减，逐步衰落。未来人类生活环境的格局是向城市化发展，人口大量集中在城市，农村的居民将越来越少甚至被废弃。鉴于这一趋势，我们所研究的人类生活环境，或者说是人类生活环境的革命，应该以城市的改造为目标。

为达到上述目标，人类生活环境革命也需要通过园区化实现，即在城市中建设各种类功能的人类生活园区。根据园区的类型不同，在园区内建立可行的污染物管理制度和有效的污染物处理设施。像工业生产园区和农牧业生产园区一样，生活园区的围墙也是污染物的死亡线。然而生活园区不同于工农业生产园区，不输出污染只是发挥了其功能的一半。其另一半就是要建成人类的生活与工作乐园，不仅要使人类在其中生活、工作和谐、快乐，还要前所未有的优美、舒适、便捷和时尚。

在一个城市中，各种园区要有一个合理的配置，应该有多少生活园区，多少工作和商务园区，多少医疗、教育、体育和娱乐设施，应该如何布局？既要考虑到环境优美，生活工作方便，还要考虑到杜绝污染的需求。此外，城市的规模、城市的功能也是设计城市中各种园区的重要考虑因素。就世界各国现在的城市状况而言，虽然不乏环境优美、生活便捷的现代化城市以及优雅、和谐的高档社区，但很难找到达到或者接近零污染、零排放的城市。就大多数城市来说，不论有多么辉煌的历史传统，有多么重要的政治经济地位，有多么现代化的设施和文化底蕴，说到污染时，都是一团糟。那么问题究竟出在哪里呢？

1. 人类城市生活的尴尬

就现代社会中人类的城市生活环境而言，最令人尴尬的，还是人类废弃物的处理。城市的人类废弃物主要有两类：其一是固态废弃物，即通常所称的垃圾。垃圾包括下列类型：各种包装物，使用过的生活用品，厨房垃圾和废弃食品，废弃的家具、电器与衣物等。有的固态废弃物含有大量水分，各种成分混杂在一起。其二是液态废弃物（也称液体垃圾），即通常所说的生活污水。生活污水是通过城市下水系统排放的。生活污水的成分主要包括：人类的排泄物，洗漱与洗涤废水（包括医院污水），厨房废水等。垃圾和生活污水含有大量有机物、有毒化学物质和带菌物质（特别是医院垃圾和污水），伴有腐烂发臭。人类城市废弃物已经成为当代社会的公害，越是发达的社会，产生得越多，处理的费用越大。处理垃圾和生活污水，也成了人类社会的环保难题之一。

目前世界各国各地区对于城市垃圾和生活污水的处理情况是：对于固体垃圾，在发达国家，一般进行分类处理。通常是首先由丢弃者根据垃圾的性状放入不同的垃圾箱，再由垃圾站进行细分类，之后分别送往废品回收站或者垃圾处理中心，大部分掩埋，也有部分用来燃烧发电。在落后国家和地区，通常是直接倾倒或者掩埋。对于生活污水的处理，全世界几乎都没有分类，在发达国家，通过污水处理工厂进行无害化处理，而在落后国家和地区，则直接排入江河湖海。

上述的处理方法存在的最大诟病就是，人类废弃物的污染并未得到治理，在大多数情况下，只是将污染物转移出城市，由此造成了现代城市周边地区的水体、土壤严重污染。尤其是在发展中国家，这种由城市不经处理转移污染的现象非常普遍，甚至有些大城市的贫民区，中小城镇，本身也成了垃圾和污水的容留地。城市的垃圾和污水，与城市的发达程度、城市的规模和人口成正比例关系。越是发达的社会，越是大的城市，垃圾和污水处理的压力就越大。而一些发展中国家，由于近年经济发展迅速，城市快速膨胀，城市化进度加快，其处理垃圾、污水能力赶不上，因此产生了更严重的污染。例如，中国从 20 世纪 80 年代改革开放以来，进入快速发展期，经济增速加快，城市化发展迅猛，加之一些企业出于利益考虑并未严格执行治污、排污规定，致使污染雪上加霜，环保部门举步艰难，阻力如山。中国的改革开放的原本思路是在环境问题上不走西方国家的先污染后治理的老路，边发展边治理，但就目前的情况看，污染的严重程度已经大大超出了治理的预期。大多数发展中国家也都有类似的状况。

2. 革命从垃圾和污水开始

对现有的城乡人类生活环境从零污染的角度进行全面的检讨和审视，进而进行园区化改造或者重建，使之在最大限度满足人类现代化生活和工作的前提下，杜绝一切形式的污染和污染物排放。如果说通过生活电气化，解决了人类生活温室气体的排放问题；那么目前人类生活环境革命所解决的主要问题就是对于垃圾和生活污水的零污染处理。

现有人类的城乡生活格局，是不能满足垃圾和生活污水的零污染处理的需求的。垃圾和生活污水的零污染处理，首先应包括分类、无害化预处置和回收再生利用；其次分类后无法自行处理的部分通过专门的渠道，封存、运输到专门的处理机构和设施处理。就人类生活园区而言，对外应该没有任何垃圾和生活污水排出。具体处理方法应该包括：

(1) 对于固态垃圾分类、无害化处置以及回收。对此可以在现有生活园区内增设相应处理设施，增加处理人员。增加设施主要是增设垃圾细化的分类和存储设备。例如，干垃圾与湿垃圾，纸质、塑料、金属、玻璃、废旧电器、旧家具、废电池、厨余垃圾等。园区住户应该首先做到将干垃圾和湿垃圾分类，并在湿垃圾腐败前送到园区的垃圾处理站。园区垃圾站应有人值班负责收垃圾，称重记录，并对干湿垃圾进行再分类，根据回收和处理的需要，可以分类为几十甚至上百种。园区的固体垃圾的处理可以通过立法规定由园区的物业管理机构实施，垃圾处理为有偿服务。同时物业公司还应该承担处理垃圾不作为的法律责任。为了鼓励住户的积极性，可以对干垃圾中的可回收利用物作价，抵偿垃圾处理费用。而对于腐败发臭的湿垃圾，可以加收处理费，这样也可以鞭策住户及时处理易腐败垃圾。

(2) 对于生活污水的处理。目前生活污水主要包括两种类型，一类是人类排泄物污水，包括人类的粪便和冲厕所用水，含有大量人类排泄有机物、细菌。另一类是洗漱、洗涤以及厨房清洁污水，含有大量的洗涤剂残留物以及油污、剩饭剩菜。此外还需要特别指出的是医院废水，含有更多的病菌、病毒和有毒化学物质。上述两类污水与其他城市表面污水、雨水一道无分别的流入城乡的下水道，进入污水处理厂或者排入江河湖海。

对于生活污水的处理，需要对园区内现有的下水系统以及污水处理设施进行重新设计和改造。其一，“三水”管道分离。即对城市和入户的下水管道重新进行设计和改造，“三水”即厕所污水、洗用污水和城市表面污水，通过三种各自的管道排放，进入各自的处理系统。其二，“三水”处理系统专设。园区收集到的三种污水，首先进行简单的预处理，例如对排泄物污水进行消毒，对影响输送的杂物进行过滤等。然后输送到专门的污水处理工厂进行处理。根据三种污水的不同情况，进行不同的处理。例如，对于排泄物污水，通过对其含有的有毒有害化学物质进行分离，对重金属进行回收，之后，还可以利用剩余的有机物生产沼气（沼气可以不用于燃烧，作为化工原料），再将沼气废液加工成农家肥，供给农牧业生产园区使用。再如，对于洗用污水，可以将污物与有害化学物质分离，并回收残留的洗涤剂成分。回收的洗涤剂成分可以输送给洗涤剂生产企业做再生原料。对于城市表面污水与雨水的处理，相对要简单得多。专设后的“三水”处理系统，实际上又是农家肥、化工原料和洗涤原料的生产基地。处理后“三水”，还可以回输到生活园区，作为中水，作绿化浇灌和冲洗厕所用水。其三，医疗系统污水的专门处理系统。由于医疗污水中含有大量细菌、病毒以及传染病源，因此对于医院排放的污水需要进行特殊水处理，包括消毒灭菌，分离有毒化学物质、回收残留药物成分等，在上述问题处理完成后方可分类可进入城市的污水处理系统。为此，就有必要也建立专门的医疗与疗养业园区，除了有利于对医疗污水的专业化处理外，也可以有效控制疾病扩散、对患者进行更专业的生活服务。

在有条件的地方，尽可能多设立专门的人类活动园区，如办公园区，商业园区，宾馆园区，餐饮园区，体育与娱乐园区，这样就更有利于这些园区内的垃圾分类处理以及污水处理。

3. 垃圾和污水里的宝贝

从工业革命迄今的200余年来，工业化生产制造了无数的产品，这些产品的绝大部分已经不再使用成为废弃物，累积起来构成非常惊人的数量。这些废旧物品有的已被大自然吸收，有的被回收利用，但更多的却作为人类文明的副产品被遗留下来。除了历史遗留的垃圾，现代社会每天所产生的垃圾和污水更是数量庞大，而且所含的有回收价值的成分，以及有毒有害成分更多。面对人类社会零污染的环保需求，面对工业日益原料短缺的现状，人类社会历史遗留下来的，以及每天不断产生的垃圾和污水，反而从另一个角度看，是一个全新的原料生产基地！如何才能变废为宝，将垃圾和污水中的有用物质开发出来，并创造出一定的经济效益，这也是人类面临的一个新的挑战。因为只有将垃圾和污水的处理纳入产业化轨道，才能巩固这场生活环境革命的成果，才能使生活废弃物的处理不再是人类社会的负担，而成为生产活动的需求。

处理人类所有废弃物和回收一切可利用物质的最后一道防线是建立相应的环保产业园区，使其成为实现零污染目标的终结者，同时还可为工农业生产和人类生活提供必要的原料和资源。环保产业园区，应该兼顾这两种功能，这样不仅使环保产业园区能够完成所设定的零污染目标，也为环保园区的运作提供了经济保障，通过再生原料的输出，获得相应的经济回报，基本实现收支平衡。如果再加上政府的补贴，税收的优惠，环保产业园就可以成为有利润增值的产业，从而实现真正的商业化，进入良性循环。

环保工业园区的职能有二：首先是充当现有的垃圾与污水的终结处理者，凡是现行工农业生产园区、人类生活园区没有能力处理的垃圾和污水，或者经过预处理有待于原料化的物质，都能在此得到无害化处理或者再生为原料。其次是充当历史遗留垃圾与污染的清道夫，例如，堆积如山的煤矸石、尾矿、各种冶金、化工的废渣，以及被污染了的河湖海洋，城乡土地等。对于不宜搬运的垃圾与被污染物，可以就地建立环保园区或者专业的工厂进行处理。

在政策和法律的保障下，环保产业园区的再生原料会被充分利用，其回收的经济效益也有保障。原料再生虽然从单方面经济效益考虑，可能要小于原生矿产原料，但考虑到环保和“零排放”的经济效益，无论对国家和对社会都是非常有益的。特别是当前世界范围内矿产资源过剩，一些既得利益者可能反对再生原料优先的政策，加之再生原料的大规模开发还处于起步阶段，其研发和设备制造成本会较大，与原生矿业相比，不具商业竞争力。但如果通过征收碳税、排污水等行政与经济杠杆调节，以及政府在前期给予扶持或者补贴等措施，竞争的天平就会向再生原料倾斜。

国家可以通过补偿或者资助，鼓励一批现有的原生采矿企业转产到再生资源行业，加入到环保产业园区里，利用在采矿和原料生产方面的专长和技术优势，在废弃物质中提取再生原料。这对国家来说是一箭双雕之举，既解决了原生矿产的生产过剩与限产问题，又解决了再生资源企业起步难的问题。国家对于转产的原生矿业企业，应给予补贴和税收优惠。

国家除了利用经济杠杆对环保产业园区予以支持，使环保产业园区具有强劲的经济驱动力；还应通过政策和法律手段，限制矿石工业原料，规定生产企业的原料采购，必须有一定比例的再生原料，或者只给一定的原生矿石或原料的采购额度。这个比例和额度，要根据再生资源的情况作出，其基本原则就是在保证产品质量情况下，最大限度的利用再生资源，即再生原料优先原则。在再生原料供应充足的情况下，就不再允许供应原生矿产品和原料了，原生矿产品和原料只起到补缺的作用。

从理论上讲，工业化园区与农牧业生产园区已经是零污染了，因此环保园区也可不与其对接。但不能排除一些专业性很强的治污项目可能留给环保园区处理；也不能排除出于经济、再生回收以及环保布局的考虑，将工农业生产园区的某些环保项目留给环保园区实施。

六、 地球生态再平衡

1. 报效地球母亲

从生态环境的角度看，数千年人类文明的历史，其实是地球母亲的一场磨难。农耕文化的发展，工业革命的兴起，科学技术的发达，导致世界人口大爆炸，激发了人类享受的无限欲望，人类不断向地球母亲索取更多的资源，不得不去挤占其他生物的生存空间，更是不负责任的丢弃和排放各种污染物质，加之战争与饥荒的浩劫，地球母亲已经被蹂躏得破败不堪了。母亲确实累了，她需要休养生息了；人类应该清醒了，也应该为母亲做点什么了。

而如今这样的机会来了。创造这样机会的就是人类为治理化学物质污染而兴起的新工业革命、农牧业生产工厂化革命、医疗技术革命和生活环境革命。这些革命不仅会使化学污染与人类告别，还会使被人类挤占的大量土地和生存空间回归自然和生物界。这些回归的土地和生存空间需要进行修复，才能尽快恢复自然生态，也需要从维持地球生态平衡的需要进行合理的调整与规划，才能达到地球生态的再平衡。

2. 生态再平衡之目标与规划

生态再平衡的目标，应该是将地球环境恢复到近代工业革命之前，或者是更早期的状态。恢复生态再平衡，包括人为的修复和自然修复两种情况。人为的修复主要是针对自然环境破坏比较严重的区域。例如，被关停的污染企业，被严重污染的农田和水体，以及拆迁后的污染城市等。这些区域的生态很难通过自然恢复，需要投入大量的人力物力和资金进行修复。而对于一些环境污染不太严重的区域，可以采取封闭的办法，由大自然自我恢复生态平衡。

生态再平衡还应包括全世界陆地和海洋的生态规划。这种规划的比例应该各占三分之一。近水（沿江河湖海）和部分环境优美地区应该规划为人类活动区域；比较偏远和生态环境脆弱地区，应该规划为无人的自然保护区，禁止人类进入，任由动植物在自然状态下繁衍生息；在人类活动区和无人自然生态保护区之间，应该有广阔的中间地带，中间地带人与动物应和谐相处。包括海洋在内，人类也应该划定不少于三分之一的区域禁止人类进入；人类活动的区域不超过三分之一，其他为中间缓冲区。虽然人类不可能控制鲨鱼之类的凶猛鱼类进入人类海洋活动区域，但人类总有办法与之和睦相处或者避免相互伤害的。

农牧业生产工业化革命实现后，将有大量的土地被闲置。由于数百年的环境污染，现有的城市和人类居住地的环境已经不能够满足人类零污染的生活需求了。因此，人类应该对此加以改造，或者在该土地上，选择最为合适的地域，建立起现代化的零污染生活园区。从而逐步取代现有的充满污染的人类生存环境。在完成人类生活园区改造的同时，人类应该对所有闲置的土地进行改造，消除污染，修复环境，恢复自然生态。

本章结语：化学物质零污染进程，要比碳排放零污染以替代为主的战略复杂得多。需要一场革命性的变革，不仅需要高科技和大量的资金投入，还需要政治、法律、行政等方面的巨大社会改造。意味着一场化学产业乃至整个工业产业、农牧业产业、医学以及生命科学、人类生活环境，以及废品与原料产业的全新变革，其规模和范围不亚于史上历次的工业革命。化学物质零污染的真正实现，寄希望于这些变革的成功。也就是说，现有的工农业生产格局，人类生活模式，需要脱胎换骨的改造，包括地球现在的生态面貌，也需要进行修复与再平衡规划。

第五章
物理污染零危害

虽然物理污染与碳排放污染、化学物质污染都产生于相似的时间和条件，但物理污染与之不同。就前二者而言，都是属于化学物质污染的范畴，而后者是物理现象造成的污染。因此，就零污染的解决方案而言，是不同的设计和思维。物理污染的特点是，只要停止或者阻断了产生污染的物理现象，危害即告消失。不像化学物质污染，污染物会在大气、水体或者土壤内长期存留，而且会进行二次化学反应。鉴于这一特点，对于物理污染的防治，应立足于对污染源的消除、封闭，或者阻断其与受害者之间的传导媒介。相比碳排放与化学污染的治理，物理污染的治理高科技的含量较少，经济投入也是人类社会能够承受的。由于物理污染所造成的都是对人体器官直接的、功能性的伤害。例如高分贝噪声可能导致人失眠、耳聋或者听力下降，辐射可能导致癌症、致畸等。

因此将物理污染的治理目标定位为“零危害”更为恰当。

一、 放射物质零危害之路

放射物质的污染，主要包括三种情况：其一是核能发电可能产生的泄漏和核废料处理造成的污染事故；其二是医疗与工农业生产中应用放射物质造成泄漏事故；其三是由于战争、恐怖主义或非法盗卖放射材料、武器造成的污染。对于放射物质危害的治理，需要根据污染的不同情况，制定相应的防治对策，可谓对症下药。

1. 核电污染之严防死守

人类对于核电，是爱、惧、愁交加。所爱的是其有巨大的能量可被利用，又不存在碳排放污染的利好；所惧怕的是核泄漏事故的灾难性后果，1986 年的切尔诺贝利和 2006 年的东京核泄漏事故，至今仍像两团阴云笼罩在人类头顶；所愁的是发电用的核废料的半衰期最高可达 200 余万年，如何安全保管与存放这些废料，既保证不被泄漏，又要保证不被盗窃者恶为利用，更是一个难题。面对人类设定了减少碳排放目标和日益增长的能源需求，未来核能发电还会以更大规模的发展。目前已经进入商业发电领域的核裂变发电，核废料呈与日俱增的态势，对于安全储存产生巨大压力。而事实上不论怎么安全的处理方案，都是对后代生态环境的巨大隐患。从理论上看，即使是最完美的设计与工程质量，也不能绝对排除事故的隐患。特别是核废料的处理，就像被关进潘多拉盒子里的魔鬼，这些盒子不但要有足够长期的魔力，而且要有众神勤奋看管保证不被打开。

由于核裂变发电是目前替代化石能源发电的主要方案之一，目前正在研发的无辐射的核聚变发电尚在进行之中，因此对于核废料的处理仍是当前或者今后相当长期的时间里人类最重要的工作内容，也是能否达到物理零危害的关键。回顾数十年来人类和平用核能的历程，每经历一次核事故，都会对核能发电产生巨大的打击与影响，都会引起人类新一轮反思，究竟核发电是否具有可行性。经历了切尔诺贝利和东京核事故的教训之后，人类对于核电站的设计与管理已经发展到近乎无懈可击的地步，但仍不能改变这个潘多拉盒子的性质。为此，人类一方面应抓紧研发核聚变发电，尽早投入商业化运行，用以彻底取代化石能源发电，乃至核裂变发电；另一方面人类还需对核裂变发电的事故和废料处理可能的污染隐患严防死守，不能再出半点纰漏。核聚变发电由于其无泄漏危险和废料几乎无放射危害，可望成为实现温室气体零排放和零核污染的最佳能源，我们期待着核聚变发电早日进入商业领域。

相比核废料处理工程安全问题的解决，防止核废料的盗窃与抢夺是更大的难题，世界各国在加强安全防范外，还应从根本上检讨反恐对策。应从消除恐怖主义根源进行治理，而不是限于从表面上的打击和防控。由于核废料的长期存在，因此即使人类未来完全废止了核裂变发电，现有核废料的妥善保存仍然是人类的一项长期的难题。

2. 医疗与生产辐射之消防

从1898年居里夫人发现了放射物质镭和钋之后，放射物质被普遍用于医学和工农业生产。在医学领域，普遍使用的透视检测，放射治疗癌症，在工业领域，用于金属探伤，在农业领域，用来育种等。

要达到上述领域辐射的零危害，除了在应用中防止泄漏和处理好废料之外，最主要的是发展替代产品，从限制使用到完全不使用。首先在医疗领域，随着医疗技术革命的深入，放射检测和对于癌症的放射治疗将会退出历史舞台，取而代之的将会是效率更高的，伤害、痛苦更小的超声波、遥感检测和基因疗法、细胞疗法等。利用放射同位素的检测和手术也将会被遥感技术和克隆技术等取代。可以肯定，在未来的医疗领域，将逐步过渡到不会有任何放射性的治疗手段和方法使用了。其次在工农业生产领域，放射检测和育种也会被更先进无害的方法取代。但这需要一个过渡期，在过渡期间，会有多种治疗手段和方法并存，同时在这期间，防止放射污染和泄漏仍是重中之重。同核废料一样，同位素放射物也可能成为盗抢的目标，对此也应像对核废料的保管一样，严密加以防范。

3. 核武器和核试验管控

核武器和核试验领域的危害问题，其实是一个政治问题。现在世界上除了个别国家之外，已经不再进行地下核试验了。进入 21 世纪，世界核军备明显放缓，但核战争的危险并未解除，苏联解体后，核武器的管理一度出现混乱，加之恐怖袭击阴影。这些因素都使人类无时不面临核武器失控与核污染的威胁。

解决核武器和核试验的危害问题，其实是一个从限制到消除核武器的进程。核武器在第二次世界大战中催生，在冷战中发展壮大。之后在主要拥核国家之间形成核战略均衡。以美俄为例，各自都有了二次、多次打击能力，相互之间可以消灭数次。在这种情况下，任何一方发动核战争，就意味着双方同归于尽。这样就失去了战争的目的，核战争不会起于相对战略平衡的有核国家之间。目前世界多数核国家在限制发展核武器、承诺不首先使用核武器方面达成共识，这是向全面销毁核武器迈出了一小步。因为既然不再发展了，大家也不用了，核武器自然也就成了无用的东西。销毁这些无用的核武器，也会提上人类的议事日程。

但全面销毁核武器还面临着很多障碍，有的甚至在现实社会还难以逾越。首先，技术方面的障碍。因为安全消除核武器，并使之无害化，其技术难度不亚于甚至超过核武器的制造。其次，经济能力。在过去几十年中，人类研发和制造核武器花费了几乎近半的财富。而消除这些核武器费用保守的估计还要翻番。如果说过去人类为了生存竞争而发展核武器，可以承受经济上巨大支出，甚至不惜忍饥挨饿，但现在的和平年代里，情况就会完全不同。任何一个有核国家，拿出国民生产总值的一半甚至更多来消除核武器是难以想象的；而让无核国家共同分担消除核武器的费用也是不现实的。其三，政治障碍。这更是一个几乎没有希望逾越的难关。核武器是国家间政治博弈的产物，也是有核国家花巨资才达到的平衡。在国际政治仍然存在激烈博弈和缺乏互信的情况下，博弈各方都在计算对方，设法压倒对方，或者试图傲立群雄，主宰世界。在国际社会缺乏基本的信任和信誉，没有一个相互约束和制衡机制的情况下，提出销毁核武器，是很难达成一致的。

由此可见，销毁核武器，是人类在实现物理污染零危害进程中的一大难题。而这一难题不仅在于技术和经济能力方面的困难，而且更主要的还是国际政治方面的阻力。只有国际社会彻底放弃了冷战思维，建立起了相互信任和有效约束的制衡机制，才有可能在全面消除核武器方面有所作为。

在人类努力为推进全面销毁核武器工作的同时，人类还应继续加强对于核武器的管控，防止误判、污染泄漏、发生事故和被恐怖袭击利用。不应因为任何疏忽导致悲剧发生。有核国家应该在这方面负起责任，积极开展技术、信息交流，管控合作，以此逐步培养信任、健全合作机制。

二、 噪声污染的防与避

噪声污染的治理对策，首先是将噪声控制在人可以接受的范围内，之后逐步降低，直到完全消除使人感到不适的噪声。从目前和今后一定时期的世界科学技术发展情况看，如果完全以无噪声的机器设备替代现有的产生噪声的机器设备，还尚无可能。即使未来科学技术发展到有这种可能，那也会因为制造这种机器的代价过大而无法采用。

因此，治理噪声危害，如果仍然使用碳排放污染和化学物质污染的某些治理方法，就不会起到对症下药的效果。例如发展替代产品，目前的内燃机要比电动机噪声大许多，但电动机也不是完全静音的。即使在世界完全实现电动化，内燃机被彻底淘汰，人们又研制出低噪声的电动机，但发电与电动机的噪声还会不可避免（也包括电磁辐射）。因此，噪声的零危害治理，应该是一个新的思路和新的设计。

1. 隔离

俗话说，“惹不起躲得起!”，既然人类社会目前还没有能力制造出完全没有噪声的机器设备。那么我们不妨换一个思路，也使用一些物理方法，使噪声不再干扰我们。由于噪声的特点是即时性和传播受距离的限制，我们可以将噪声产生的区域与人类活动的区域隔离起来，用阻挡噪声的材料围挡，并使噪声产生地与人类生活、工作地相隔一定的距离。那样即使围挡不能完全隔绝噪声，由于距离远，噪声也不会传导到人类活动区域。如果人类已经建成了前面讨论的各类工业园区、农牧业生产园区、生活园区、办公、商业、教育园区的情况下，解决问题的方法相对就简单了，只要在这些园区的设计时加上隔音的设施就能解决问题。另外设计时在各种园区的距离和布局上也应充分考虑消除噪声的需要。

2. 消音和封闭

有些物品的噪声是人类无法与之隔离的。例如汽车、家电。对此国家应强制实行消音和封闭噪声的生产许可制度。以汽车为例，产生噪声三个主要原因：发动机（包括其他传动、电力装置），轮胎摩擦（也称胎噪）和风阻。在采用电驱动和氢动力后，发动机本身的噪声会有大幅度减少，但胎噪和风阻仍会与原来一样。国家对于汽车的降噪标准应更为严格，理论上未来汽车的发动机和机械电力设备应该是无噪声输出，应使用低噪声轮胎，汽车风阻系数更低，此外，现有的路面也应相应改造为低噪路面。对于家电，应通过国家强制标准，实行无噪声标准，通过消音与封闭设计，使家电不产生对外界的噪声危害。汽车与家电的静音生产标准，应该也采用逐步紧缩的方法，并启用税收、补贴等激励措施稳步推进。

3. 噪声的禁止和限制

现代社会中大量的商业广告、推销的噪声充斥于街头，也大量出现在广播、电视和公共活动场所。此外电影、电视和剧场演出以及会议中也使用高分贝的扩音设备。对此国家应通过立法禁止商业噪声，限制娱乐场所的扩音分贝，包括在一定面积以下的场所禁止使用扩音设备。

4. 个人防护

在噪声隔离区内的工作人员，以及乘坐飞机、舰船的人员，尽管未来环境中的噪声较前控制得非常低了，如果没有防护，噪声的危害还是存在的。为此有必要发展个人防噪声设备，包括服装和头盔。当然防噪声装备不可能是单独设计和制造，它可以与工作服、安全帽、防辐射服等工作服装结合设计和制造。此外应成为在特定环境中的强制性装备。例如乘坐飞机时的防噪声头盔，乘客应像系安全带一样，一进入机舱就须佩戴。当然该头盔的功能应不只是防噪声一项，它可能还是一个影像娱乐设备，一个保险头盔，甚至还可能是一个互联网办公与通信终端。

三、 电磁辐射危害之防护

人类不论在工作还是学习，不论是在居家还是在出门旅行，即使是在高山之巅的珠穆朗玛峰，还是在太平洋深处的岛礁渔村，都免不了受到或强或弱的电磁辐射。如果前面说的化学污染无处不在还有点夸张的话，那么电磁辐射真可以当之无愧了。

电磁辐射虽然与噪声危害有类似的地方。例如即时性和不可避免性，以及难以替代性。二者也有不同处，如电磁辐射具有穿透力，可以穿透人体和部分建筑物，而声波几乎不能穿透任何物体；电磁辐射具有较远的传播力，极快的传播速度，每秒达 30 万公里，而声波只有每秒 340 米的传输速度，声波在一定距离内便衰减殆尽。从人的使用角度看，电磁辐射可以分为两部分，一部分电磁辐射是人类各类高科技活动不可或缺的。例如无线通信、广播、电视以及互联网，需要通过电磁波的传播才能将信号运送到所需的终端。如果离开电磁波，上述活动将无法进行。如果没有上述活动，人类社会可能倒退回 1 个半世纪之前。另一类电磁波，虽然也是在人类的生产、生活中产生的，但它们不是给人类干活的，而是给人类干活的机器、设备的副产品。例如发电机、电动机的电磁辐射，输电线路、变压器的电磁辐射，家用电器的电磁辐射。这两类电磁波的区别就在于，前者是人类现代生活需要借助的；后者是人类享受现代生活难以避免的。因此，对于电磁辐射危害的治理，应根据上述两类不同情况入手。

1. 人类不利用的电磁辐射

这类电磁辐射，并不是刻意制造出来的，而是在使用其他机器设备时产生的，由于这些机器设备又是人类工作、生活不可缺少的，因此不可能从源头上消除辐射，只能采用低辐射的机器设备，或者采取尽可能封闭或者隔离的解决办法，使辐射不伤及人类。此外，在强辐射环境下工作的人员，应装备个人防护设备，或者由机器人代劳。

(1) 封闭或者隔离。对于产生电磁辐射的机器设备，首选的防护办法就是封闭，即给机器设备罩上一层防辐射的保护壳，像一件防护衣，使其足以阻挡绝大部分的辐射外泄。其次是要利用防辐射的厂房或者围挡，将残余的辐射阻挡。机器设备的防辐射保护壳，同时也兼有防噪声的功能，散热及其他功能。防辐射的厂房以及园区的防辐射围挡，其实也是多功能的，设计时既要考虑本身的保温、散热、安全、防火、防水、防尘等功能，还要具有环保方面的防噪声、防化学物质污染等功能。

(2) 个人防护。个人防护包括在不可避免辐射的工作环境下，穿戴可以完全阻断辐射的个人防护装备。个人防辐射设备也是一个高科技的产品，不仅具有防辐射的功能，还具有防噪声以及在相应工作环境中的各种防护功能。

(3) 机器人代工。未来的工农业生产园区中，人类的活动园区中，机器人将会被大量使用，其范围应包括在噪声辐射等不适合人类的工作或者生活环境中，也包括许多重体力劳作、简单重复劳作环境。

(4) 家用电器、汽车、火车、轮船、飞机（航天器）等交通工具。由于这些东西的电磁辐射都产生于发动机，因此，在未来的上述物品的设计中，对于发动机辐射的防护外壳是必不可少的。由于上述物品是贴近人类身体的，对于该各类物品环保指标的要求是非常苛刻的零辐射。

2. 人类可以利用的电磁辐射

人类正在利用的电磁辐射，也是人类引以为傲的现代科学技术的精华所在。试想我们在每一天中，清早手机的闹铃把我们叫醒，吃早饭时浏览一下手机上的QQ或者微信，开车上班时顺便听一下新闻或路况播报，上班时开个电视会议，又要接听或者打出若干个联系业务的电话、汇报工作的电话，这些绝大部分都是通过手机进行的。我们坐在办公室的电脑前，浏览工作进度，接收和发送电子邮件，休息时抽空到走廊上用手机处理一下家务、朋友事务，中午吃饭也是用手机点的快餐，下午的工作又是在电脑和电话中度过，晚上饭后，一家人坐在电视机前观看电视节目，打个电话问候一下老人，手机铃声不时响起，不是接电话就是翻看短信、微信。如此频繁的利用电磁辐射，一天中有多少电磁辐射在切割着我们，也切割着我们周围的人们，而我们周围的人们所使用的电磁辐射也在切割着我们。如果你在北京、上海的任何一个地铁车厢看一眼，便会发现几乎人人在玩手机，看新闻、打电话或者打游戏。如果我们可以对于不使用的电磁辐射采取封闭、隔离或者个人防护可以解决的话，那么对于我们正在利用的，无处不在的辐射该如何解决呢？从航天、国防、到日常使用的手机、互联网终端，人们似乎找不到任何能够替代无线电波的传输手段。更有甚者，是由于人类对于上述电磁辐射应用的狂热追求，在没有有力的证据证明电磁辐射的严重危害性的情况下，如果去说服人们为零污染的目的而放弃对电磁波的利用，也是绝大多数的人不能接受的。

人类能否另辟蹊径，在既享受电磁波给人们带来的高科技生活，又能免受其危害？对此，未来应考虑从四种途径解决：

(1) 有线化，光纤化。主要解决远距离电磁波的传播问题。目前远距离传输的电磁波，一般都是无线发射，发射功率越大，电磁波的传播距离越远，穿透力越强。如果这类远距离传播的电磁波无线发射被有线传播或者光纤传播替代，而有线传播的电磁波或者光波的线路都是被防辐射材料包裹，不使其外泄，这样既可以解决远距离传播的辐射问题，又可以消除这类大功率发射的无线电波对人体的危害。

(2) 终端无害化（替代产品)。终端无害化，即终端无电磁辐射。对于固定的终端设备来说，如电脑、电视机，这个问题解决的关键在于使用无辐射的替代产品。即使用无电磁辐射的电脑、电视机替代即可。这些设备直接与入户的光纤联结，就可有效避免电磁辐射的危害了。但对于手机和收音机来说，由于是在移动中使用的，无法用有线来连接，因而，即使所用的手机和收音机是无辐射的替代产品，也还是解决不了无线电磁波的接收与发射问题。如果这个问题最终不能解决，电磁辐射的零危害就不能实现。这也许是电磁辐射距离零危害的“最后一公里”难题。

鉴于电磁辐射波的波长、频率成反比例关系，频率与穿透力成正比例关系，低频的长波相对高频的短波对人体的危害更少一些。因此在未来不能根本解决短波手机的替代品之前，可否研发长波手机？或者利用长波完成通讯基站与手机的电波传输问题。就目前的情况看，长波通讯的最大问题是机器设备庞大，如果解决不了小型化、微型化的难题，是没有可能实现这一传输目的的。近期国内研究的红外线数据传输，已经解决了 2 米范围的有效传输问题。由于红外线具有容量大，保密性强，抗干扰性能强以及造价低的特点，因此可望成为“终端无害化”的最佳解决方案。

(3) 人身防护。是指立足于个人人身的电磁辐射防护所设计和制作的装备和物品，即防辐射的服装、护肤品、眼镜、车辆、建筑物等。这些装备和物品应包括两种类型，一类是专门用于在电磁辐射环境下工作的，这类物品可能笨重和丑陋，以适用为宗旨；另一类是用于在正常工作与生活中的，不但要有防电磁辐射功能和其他环保功能，还应具有美观、时尚、轻便、舒适的生活功能，还应有通信、办公功能，甚至还应有防控疾病的功能。

(4) 改变人类过分依赖手机的方式。由于手机，特别是智能手机的应用，除了过去使用的通信手段如电报、有线电话被冷落外，报纸、杂志、书籍、购物、支付、银行业务、娱乐、工作、交流都有被手机取代的趋势。人类由于过分依赖手机，会更加纵容电磁辐射这一隐形杀手，也会诱发更多的社会问题。为此，不少有识之士已经注意到这一问题的严重性。人们开始反思，手机一家独大的现象是否合理？人的生活与工作方式是否应多样性，而不必用一种工具解决所有问题。虽然手机的便捷是不可比拟的，但便捷并不能代表完美和享受。因此，如果要改变人们过分依赖手机的生活方式，就要有更完善、更便捷的替代产品，并且除了具有防辐射或者无辐射的性能外，要比手机更时尚、更完美、更丰富多彩和使人类获得更多的享受和乐趣。这样的产品人类能造出来吗？未来会是什么样子呢？也许并不是一件工具或设备，而是一个系统，或者是人类的一个全新的智能生活与工作环境。在这个环境可能是随人移动的，在这个环境中，人类甚至可能不需要像操作手机或电脑那样用手动作，而仅用语言或者意念就可以完成。上述近乎科幻的设想如果真的可以实现，那么手机也就是一个过渡性产品了。

四、 光和热污染零危害

光和热本身是人类生活的必需的，但过量就会使人不适或者造成生态的破坏。因此光和热危害本身是人类生活与工作必不可少的设备或条件的过剩或者副产品。例如广告灯光，玻璃幕墙的反光，发电厂排出的热水，城市热岛效应等。相比化学物质污染和其他物理污染，其对人类和环境的危害程度要小得多，范围也相对较窄。故治理的难度相对要小得多。治理光和热污染，虽然在理论上不存在问题，在现有的科学技术和社会管控的条件下，就完全可以实现。人类社会的生活与工作可能因此会受到一定程度的影响，但相比其他污染的治理，其影响仍不至于达到伤筋动骨的程度。在治理现有的光和热危害之进程中，人类社会的痛苦会小于人类所得的利益，特别是人类在健康和生活质量方面的获益会更多。

1. 光污染危害之治理

光污染危害主要包括可见光危害，红外线危害和紫外线危害三个方面。

(1) 可见光危害也是属于人类生存非必要的物理危害，去除这种危害，并不影响人类的基本生活。因此，对于可见光危害的治理相对简单，应是针对危害源头的管控。只要管控好了，危害即可得到控制乃至消除。这些管控措施应包括对于霓虹广告亮度、色彩的限制；对于工地、广场、街道、办公场所、公共设施过度照明的限制；对于建筑物反光以及所使用外挂材料的限制。这些限制，以及相应的管理和监控，依靠现有的科技力量和管理措施，或者通过国家立法司法手段是可以做到的。

(2) 对红外线和紫外线危害的治理。鉴于两类危害的共同之处都是对人的皮肤、眼睛等身体部位的伤害，因此治理对策应首先考虑对危害源的隔离，不使其外泄伤人。其次是个人防护设备，是从未来社会人们的服装、鞋帽、眼镜的设计上，要强制规定具有防辐射与防强光、红外线、紫外线的功能。除此之外，对于在红外线、紫外线环境下工作的人员，要有特别的防护装备，或者使用机器人代工。

2. 热污染危害之防治

热危害的防治应包括废弃热水排放的防治和城市热岛效应的防治。废弃热水排放其实也属于工业和生活废水排放。废弃热水中的热能也可以回收。为此，在治理时可以考虑回收热能，回收中水与城市中水供应综合设计。这样既解决了热危害问题，又可回收部分能源，解决部分城市中水供应水源问题。

城市热岛效应近年受到了重视，目前解决的办法是减少城市的热排放，另外有的城市拟开辟散热通道[①]，改变现有城市的通风散热状况。

---

① 2016年2月20日新京报讯：北京将建设5条500米以上通风廊道，多条宽80米以上二级通风廊道，未来形成通风廊道网络系统。划入廊道的区域严控建设规模，并在有条件的情况下打通阻碍廊道连通的关节地点。

如果未来公共交通工具和汽车都完成了向电动化、氢燃料电池转型，不仅减少了碳排放，同时也减少了热排放，有助于缓减城市的热岛效应。

本章结语：物理危害不同于温室气体与化学品污染，治理物理危害的方法也与之不同。需要注意的是，物理“零危害”进程的规模与代价虽然不能与前二者比拟，其危害也不是慢性的、渐进的，甚至不能被人直接感知，而是具有直接损害的特点。例如核危害、噪音危害、光危害多会直接被人感知或者直接损害人的身体或者器官。人类对于物理危害的基本应对措施就是隔离、防护、躲避以及在可能情况下的替代、禁止与限制。除了电磁辐射外，人类对于物理危害是可预知的，所采取的防治措施也是现今的科学技术和经济能力可以完成的。

第六章
零污染的经济驱动力

在耶稣出生前 196 年的一个深夜，当时中国最伟大的一个军事天才韩信被皇后处死了，而把他诱入皇宫的正是推举他成功立业的恩人萧何。早年萧何在得知韩信出走后，曾彻夜将其追回并引荐给皇帝刘邦，之后又是萧何力排众议向刘邦推荐他当了大将军，从此成就了韩信伟大的军事抱负。韩信的领兵打仗的才能得到充分发挥，为刘邦打下了半壁江山，之后因为疑与叛军有书信往来，导致杀身之祸。这一故事被后人称之为“成也萧何，败也萧何”。现代社会中的污染与经济的关系，有如这一故事中的韩信与萧何。最初人类社会为了追求经济利益，亲自制造了并放纵了污染，而当污染威胁到人类的生存的时候，人类又不得不借助经济的力量来控制并消灭污染。对于污染来说，就是“成也经济，败也经济”了。那么成就了污染的经济又是如何在零污染进程中发挥作用呢？

通过本书前面几章的讨论，我们得出的结论是：人类借助现代科学技术可以解决三个主要领域（温室气体排放、化学物质污染和物理污染）的污染问题，零污染在科学技术层面上不存在障碍。但问题还不是那么简单，因为治理全社会的环境污染，特别是要达到前所未有的零污染程度，还不仅仅是一个单凭科学技术能完成的工作，人类社会还需要有足够的经济能力，有良好的政治与人文环境，才能促成这一伟大的、人类社会前所未有的社会改造工程的完成。如果没有雄厚财力支持，没有稳固的社会环境，科学技术将无用武之地。

通过近年来治理环境污染实践，人们看到了希望，同时也认识到所付出的巨大经济代价。人类不得不直面的另一个问题是：推进零污染进程需要付出多高的代价，人类社会现在的经济实力能否承受？这一问题的答案不仅影响着人类向零污染进军的决策，也影响着推进零污染的进度。

一、 政府的经济干预

政府的资金主要来源于税收、国有企业的收入和国有资产的增值。政府还以环境保护的理由筹集资金，例如收取的治污费、超排罚款、环保税。政府层面的经济能力应包括政府的直接经济干预和间接经济干预，即政府的直接经济投资和利用经济杠杆撬动。

1. 政府掏腰包

政府的直接经济投资，包括政府通过财政补贴支持零污染产业和直接投资零污染项目。财政补贴是政府常用的、普遍的方式。对于一些支柱型和创新型产业，在发展初期或孵化阶段，政府的经济支持是必要的，有助于帮助其度过艰难的创业期，成长为具有一定的商业竞争能力的企业。政府的直接投资项目，主要是一些关系到零污染进程的重大、关键项目或示范项目。例如参与国际合作的核聚变发电试验项目，河流或者海域的治理项目，中国治理雾霾的项目等。政府的直接投资，是当前环境保护工作的主要资金来源，也是推进零污染进程的主要经济动力。

当今国际社会，不论穷国还是富国，都会拿出一部分资金用于环境治理。然而政府的直接经济干预的力度应该有多大，并无定论。综合考虑，比较合理的份额应该是零污染总投资的三分之一以上。其理由是：(1) 政府是零污染进程的主导力量，也只有政府的资金达到最大的相对份额，才能保持其主导地位，也才能起到实质上的主导作用。(2) 政府拥有最好的筹资渠道和筹资手段，其公信力又是其他非政府组织、民营企业无法比拟的。(3) 政府的直接投资并不是越多越好，因为零污染需要发挥全社会的力量，特别是国际社会、非政府组织，以及零污染商业化运作，在这些方面还有巨大的经济潜力可挖。(4) 在零污染进程中，政府的主要职能还要发挥于诸如维护国家安全、社会稳定、发展科学技术、振兴经济和扶贫救困等方面，这些职能是别的非政府组织、国际社会无法替代的，也是零污染能否顺利实施的重要条件。政府在经济上包打天下反而会影响社会潜力的发挥，也会因为负担太大而影响社会稳定和其他政府职能的发挥。

(1) 当前世界各国政府对于环境保护的直接经济干预状况并不理想，其问题主要出现在如下方面：

其一，各国因国家重视程度和经济能力而不同，甚至是因执政党派的喜好或者是政治需要而异。这部分款项的使用各国都有很大的随意性，且缺乏世界范围的综合规划，效力并不理想。加之有的污染，例如温室气体、大气化学污染气体排放、海洋水体污染，其污染范围是跨地区甚至是全球性的，单一国家或者某个地区治理并不能收到良好的效果。

其二，就各国环境保护的经济投入而言，与零污染的进程的需求还有相当大的差距。虽然也可以把现今所实施的各项环保政策和措施认为是零污染的准备阶段，但二者是有区别的，当今绝大部分环境保护方面的投资，对零污染的帮助有限。例如，现行的产品质量标准，空气和水排放标准等，其实是污染物的低放行许可，与零污染的目标相距甚远。从严格的意义上讲，当前各国在环境保护方面的投资，与零污染的投资还不是相同的概念，或者说只是为零污染打下了一定的经济基础。

其三，由于各国政治、宗教、国内安全稳定以及政府的廉洁程度、行政能力等原因，导致一些国家的政府没有资金投资，或者筹资困难，或者投资效力低下。环境保护问题在这些国家并不乐观，至于零污染的投资，就更无从谈起。

(2) 上述状况的改善，有的可以通过完善所在国内的经济政策来解决，有的已经超出经济的范畴，有待于这些国家的政治与安全状况的好转。为此，本章所讨论的对于零污染的国家直接经济干预的改善，也只能着眼于经济政策范畴，经济之外的问题，留给后面探讨。在零污染进程中，国家层面的直接经济干预可以在以下方面发挥潜力：

其一，提高这类资金的利用效力，集中力量打歼灭战。适当集中一部分资金投入到一些关键性的，在国内外有重大影响的治污或者减排项目，对治污行为起到引领和示范作用。例如英国伦敦成功的治理空气污染项目，北京正在进行的雾霾治理，波罗的海沿海国家联合治理污染等。

其二，规划出世界零污染进程路线图，规范各国的重点治理与投资方向，避免重复投资和建设。

其三，适当加大政府筹资力度，增加环保税收比例，加强环保收费、罚款的管理，严格执法。

其四，采取必要措施，提高环保经费的利用率。如：加强审计，节约管理开支和行动成本；科学规划，提高治污效率，杜绝浪费和重复建设；与国际接轨，在某些领域，如温室气体减排、流域污染治理等积极开展国际或地区合作，集中优势资金与政策优惠，攻克一些跨国、跨地区环保难题。

2. 政府的经济杠杆

政府通过各种经济杠杆，如政策性贷款、税收、加收排污费、罚款等，促进环保经济产业化、促进优质环保产业良性发展，挤压环境污染产业的商业空间等。

与政府的直接经济干预相比较，政府通过经济杠杆间接经济干预更注重的是培养和维护一种适合于零污染经济增长的市场秩序。如果说政府在直接经济干预中还担当了一个主力运动员的角色的话，政府在间接经济干预中的角色是裁判员和规则制定者。当今世界各国政府对环保的间接经济干预几乎都有进行，但由于政治经济体制、宗教文化传统的影响不同而存在巨大差异，其效率也各不相同。

(1) 政府间接经济干预主要存在的问题是国家之间不能平衡发展。发达国家和发展中国家在这方面差距很大。

其一，规则差异。世界各国在制定环保政策、经济干预方式、方法均存在巨大差异。这些差异不仅是由于政治体制、宗教文化不同造成的；还可能，而且是主要原因，就是有的国家没有相应的经济能力。由于贫穷落后等原因，政府的经费无力顾及环保事业。上述差异影响了世界零污染一体化的进程：零污染作为人类世界的共同工程，需要全世界同步、协调进行；而世界各国又由于各自的政治、经济与宗教文化原因造成环境政策方面巨大的落差，所导致的后果是不言而喻的。

其二，执法不同。就环境政策的执行、经济干预方式、方法的实施而言，各国也由于上述的政治、经济、文化等方面的原因也很不一致。有些发展中国家，虽然也有不少环保政策，但执行力度却很小。在环保方面有法不依，执法不力是普遍现象。

(2) 由于上述两个方面的问题，造成了世界各国在环境保护的间接经济干预方面的极大不平衡。由此引出的结论是：这些不平衡会直接影响人类社会零污染的进程，而且这些不平衡还不是问题所在国家有能力自行解决的。对此需要的改善是：

其一，既然国际社会对于政府的间接经济干预都有共识，那么除了一些不可逾越的政治与宗教文化的障碍，在绝大多数的领域是可以采取一致的干预政策和手段的。国际社会不妨在这些没有分歧的领域首先制定统一的干预策略或方法，或者制定出示范规范，各国政府可以根据示范规范，结合本国情况制定或实施经济干预政策（例如在气候变化的干预方面）。对于因为政治、宗教文化原因尚没有统一的干预方式，可以由各国自行解决。

其二，考虑到一些国家经济能力较弱的现状，国际社会有必要采取一些援助措施，提升这些国家的经济实力和环境保护能力，包括经济援助、环境保护项目的援助，或者给予一些旨在加强政府间接经济干预的资金或设备支持。总之，国际社会或者发达国家也应认识到，世界零污染进程的不同步，所影响的不仅仅是所在国家的利益，也影响到世界各国的利益和人类的共同利益。为此，世界发达国家有义务帮助落后国家跟上世界零污染的步伐。

由此可见，对于零污染的政府间接经济干预尚有潜力可挖。通过加强国际合作，可望将政府现有推进零污染的经济能力大幅提高。

总之，政府对于零污染的直接、间接经济干预由于其具有强制力和可靠性，应成为推进零污染进程的主力军。政府的直接经济干预，一定要瞄准那些关键性的环保项目，“好钢用在刀刃上”，解决一些别的环保渠道不能解决的难题。然而政府的经济能力毕竟有限，政府的干预更应慎重使用，要量力而行，循序渐进。政府可以扮演零污染进程的主力军和引领者，但还需要更广泛的同盟者。

二、 非政府组织筹资

非政府组织英文的缩写为 NGO（Non-Governmental Organizations），非政府组织其实是对于政府组织之外的所有合法非营利组织与机构的总称。联合国对于非政府组织给出了定义：在地方、国家或国际社会组织起来的非营利性的、志愿性的公民组织。非政府组织可以分类为国际性的非政府组织，面向商业的非政府组织，宗教非政府组织，环保非政府组织，以及由政府运行的非政府组织。

联合国从 1945 年成立以来就一直致力于推进非政府组织的成长。1968 年，联合国的经社理事会通过第 1296 号决议，规定了联合国与国际非政府组织的关系，规定了非政府组织在联合国得到咨询地位。所关注的问题如国际经济、社会、环境、文化、教育、卫生保健、科学、技术、人道主义和人权等。1996 年联合国第 31 号决议，又将合作的非政府组织的范围扩大到了世界各国、各地区的非政府组织。非政府组织活跃于联合国的各项活动中。到 2010 年，联合国统计的非政府组织有 4 万余个，其中有 2 千余个在联合国享有咨询地位。

中国的非政府组织在 1989 年统计为 4 千多个，但近年来呈井喷式发展，据有关部门统计，中国目前非政府组织的数量：民政部门登记的约 26 万家，社区公益组织 10 余万家。另外还有在农村的大量互助性的草根组织，这些组织并没有注册登记，因此可以看作是“准非政府组织”。外国非政府组织在中国注册的有 500 余家。

上述数量庞大的非政府组织，情况相当复杂。这是因为非政府组织毕竟不同于政府组织，其组织结构松散、人员素质参差不齐，且由于其自愿的性质，以及缺乏统一规范，与政府机构相比，不仅纪律松散、缺乏统一领导，而且行动也有很大的随意性。但非政府组织毕竟是组织，比一盘散沙的个人行动更具效力。因此，就组织与行动效力而言，非政府组织是介于严密的政府与分散的个人之间的过渡。且由于是更具草根性的民间团体，更容易成为政府和民间的桥梁，更能反映民意，所做的公共服务也更贴近民情。这些草根性正好与政府机构的职能相互补充。

1. 揭开非政府组织的面纱

非政府组织其实不神秘，广泛存在于你我他的民间。我们需要知道的是，在零污染的进程中，非政府组织究竟能动员多大的财力，又是怎样通过它们与政府规程不一样的渠道使这些经济力量发挥作用，与政府机构形成良性互补的。为此，就需要从其基本性质的研究入手。

(1) 非政府性，这也是其最基本的特征。作为一个非营利机构，不从属于任何政府或者部门，使其可以独立于政府之外自主为社会提供公共产品与社会服务。与政府的公共产品与社会服务平行发展，并与之竞争，从而打破政府垄断公共产品的体制，降低服务成本、提高服务质量，推动社会服务的总体发展。

(2) 组织性。非政府组织是合法的组织，是将分散的个人行为组织起来，共同为实现某种或某类目标的团体行为。既可以充分发挥组织起来的合力，又便于管理和规范化运作。通过组织手段，可以形成社会对非政府组织的有效监督。

(3) 公益性。不以营利为目的，使其地位居于政府机构和商业机构之间，既能对市场经济的追求利益造成的阴暗面给予有效救济；又能独立于政府之外，对于政府无法覆盖的方面给予补充。非政府组织的公益触角可以伸展到许多政府机构无法进入的地方，如偏远地区、战乱地区，可以从事许多类似于雪中送炭，救困于危难的工作。

(4) 自治性。非政府组织是参与者在自觉、自愿的基础上建立的自治性组织。非政府组织不像政府或私人组织，具有高度自治性，只受约束于法律和公共制度。自治性不同于自我为中心，也绝不是个人随心所欲。参加者要受到组织内部的规章制度的约束，但不能与政府机构的制度和纪律相比。

(5) 自主性。在非常超脱和宽松的环境中，为社会提供无差别公共服务。这种特点，更有利于非政府组织在政治纷争地区进行必要的扶贫救困，更有利于超越政治的鸿沟开展必要的公共服务，例如战区人道主义救助、政治对立国家之间的饥荒与自然灾难救助等。

2. 环保先行者

在非政府组织的总量中，大约有五分之一属于环境保护类型的，体现了民间环保的巨大力量，是国际社会政府间环保行动的巨大补充。这里只介绍几个具有国际影响力的典型非政府环保组织：

(1) 世界自然基金会（World Wide Fund for Nature or World Wildlife Fund，缩写 WWF）。WWF 成立于 1961 年 4 月，总部设在瑞士。一直致力于自然环境和野生动物保护。该组织是世界最大的非政府环境保护组织，拥有较雄厚的资金，500 余万支持者，在 100 多个国家地区参与和完成12000多个环保项目[①]。WWF在中国从事的项目包括：物种多样化保护；湿地与淡水保护；森林保护；绿色教育行动；能源与气候变化项目；野生动物保护与禁止贸易项目；海洋保护等。WWF与各国政府、各国际组织和其他非政府组织以及当地的民众都建立了良好的关系，并成功地使世界7大宗教领袖们宣布自然保护是各自宗教信仰中的一个基本要素。

(2) 大自然保护协会（The Nature Conservancy，缩写TNC）。成立于1951年，总部设在美国华盛顿。TNC在美国全境和30多个国家开展工作，拥有100余万会员，3500多员工，700余名科学家，拥有37亿美元资产。主要领域为气候变化、淡水保护、海洋保护和保护湿地。TNC注重实效，以科学为基础，推行非对抗性的解决方案。TNC作为世界最大的非政府环境保护组织，1998年进入中国，与中央和地方政府均有良好合作。参加了三江流域保护工程，长江三峡保护工程。创造了腾冲、川西南、和林格尔等国际金牌认证保护区。2010年马云[②]加入TNC，担任全球董事会成员，中国区董事会主席。

(3) 绿色和平组织（Greenpeace）。成立于1971年，原名不以举手表决委员会，1979年更名为绿色和平组织，总部设在荷兰阿姆斯特丹，拥有1300余位成员和多艘船只[③]。绿色和平组织是一个国际非政府环

---

① WWF1980年来华开展大熊猫保护项目，1986年建立北京办事处。大熊猫也是WWF的徽标。

② 马云，1964年9月10日生，浙江杭州人。阿里巴巴集团、淘宝网支付宝创始人，中国IT企业代表人。2014年以145亿元人民币捐赠成为中国首善。

③ 指著名的“彩虹勇士号（The rainbow Warrior）”“希望号（The Esperaza）”“极地曙光号”“阿古斯号”以及众多的橡皮艇。

境保护组织，其宗旨是寻求方法阻止污染，保护生物多样性以及大气层，主张无核武器。绿色和平组织的环境保护成绩斐然：曾经促使美国放弃安卡奇岛的核试验，制止发达国家输出有毒物质到发展中国家，阻止日本等国商业性捕鲸，50 年内禁止在南极洲开采矿物，禁止向海洋倾倒放射物质、工业废物和废弃采油设备，停止使用大型拖网捕鱼，全面禁止核武器试验等。绿色和平组织对中国的环境保护也做了大量工作，例如考察并公布青藏高原冰川消融情况，帮助控制洋垃圾进口中国，促使三家大电脑公司承诺不使用有毒化学品原料，参与人民代表大会制定《可再生资源法》咨询，阻止海南非法毁林等。由于绿色和平组织采取非暴力直接行动宗旨，难免与现存制度管理者产生对抗和冲突，也曾经触犯其他国家的法律、制度。因此尽管绿色和平组织对于环境保护的贡献是其他非政府机构无法比拟的，但总会有不和谐的事件相伴，人们对其的评价也时有微词。

上述的著名环保组织，可望成为是零污染进程的生力军，对其他非政府环境保护组织起到带头和引领作用。除了环保类非政府组织外，更多的非政府组织，都具有推进零污染的热情和义务，它们是零污染进程更庞大的同盟军。推进零污染，并不单纯是环保类非政府组织的义务和责任，也是所有非政府组织的义务和责任。

3. 环境友好的非政府组织

通过了解非政府组织的特点和现状，可以总结出其环境友好性。具体包括 ：

(1) 非政府组织与零污染的利益焦点一致。非政府组织是民间自愿组成的非营利组织，因此必定是以公共利益或者民众福利为目标的；而零污染所反映的全人类的共同利益，二者所追求的利益具有一致性。对于绝大部分非政府组织而言，其所从事的公共服务多与环境保护有这样那样的关系。例如“公平劳工协会”“国际纯粹与应用化学联合会”“全球电子可持续发展联合会”等这些国际非政府组织，看似没有任何环境保护的工作内容，但其实质也是与环境问题关联的。因为无污染的工作环境与劳工的健康密切相关；无污染应该是化学品生产、电子产品可持续发展所要解决的重要问题。

(2) 非政府组织具有动员更广泛民间经济支持零污染进程的优势。零污染所需要的大量的经济支持，仅靠政府的筹资是不够的。民间有支持零污染的强烈意愿，也愿意捐资出力。而非政府组织是从民间募捐的重要渠道。通过非政府组织的工作，使民间自愿为零污染捐资出力，不仅可以汇集社会资金，减少政府在环境治理方面的经济压力，同时也可以最大程度的动员民众，参与零污染进程。

(3) 非政府组织的经济能力独特，可以在零污染进程中发挥特殊作用，补充政府经济的短板。政府经济能力不仅总量有限，而且资金的使用也会受到政治、宗教文化等因素的制约。零污染的某些领域，或者在特定国家和地区，会成为政府行为的死角。例如由于战乱与政治对立，政府对某些地区失控，这些地区必要的民生与环境问题，就只能依靠非政府组织来实施；再如，某些国家内部爆发的严重宗教冲突，所产生的环境灾难以及人道主义救援问题，也只能由非政府组织承担。除了上述政治与宗教冲突，在多数的正常国家内，政府组织庞大、决策程序复杂、工作效率低下，远不如非政府组织决策灵活，工作效率高。对于一些比较小的环境项目，或者需要及时处理的，等待政府的资金投入就会延误时机。这时就可以充分发挥非政府组织“船小好调头”的优势，及时投入，收到良好的效果。从这一角度看，政府与非政府组织，就如正规军和游击队，双方形成一种互为补充的战略协作关系。

4. 非政府的零污染角色

非政府组织和民间个人或者机构会在零污染进程中扮演越来越重要的角色。特别是在提供经济支持方面，会成为政府的重要补充。非政府组织扎根于民间，传统上以非营利慈善救助的方式对社会的弱势群体进行帮助，包括医疗、教育、扶贫、难民与救灾等。随着人类社会不断进步，对弱势群体救助的需求有所缓解，近年有向环保转型的趋势。人类对于环境保护认知程度逐步提高，生活富裕人群会把更多的金钱与物资交付（捐赠）给非政府组织用于环保项目。这一资金来源会不断增长，将来或许会超越政府的筹资规模。随着非政府组织对于环境保护的参与发展壮大，以及人们对零污染观念的普遍认可，会出现更多的以推进零污染为宗旨的非政府组织。可以预言，在未来的各种慈善活动中，用以资助零污染将会成为人类的首善之行，将有大量的慈善资金进入这一领域。

非政府组织拥有了巨大的经济潜力，也意味着其担负了巨大的使命。非政府组织在零污染进程中已经不限于单纯慈善机构的角色，会向规范化、产业化发展，可能取代政府的某些管理职能。非政府组织的经济运作模式也可以向多元化发展。

（1）资助模式。非政府组织在吸收民间资金的基础上，设立慈善基金会或者专项环境基金，用以资助某些环境保护项目或者产业，或者奖励某些对于环境保护作出杰出贡献的单位或个人。

（2）投资与资金运作模式。非政府组织将慈善基金或者环保基金投资于相关的金融、商贸等实业，并在一定程度上参与决策与监管。将所收入的利润或者增值部分支持环保或者零污染项目。这种模式与直接资助相比，就在于建立长效机制，在保持基础资金不变的情况下，“养鸡下蛋”，用增值部分资助环保项目。

（3）产业化模式。非政府组织将民间资金直接用于环保或者零污染产业投资，自行承担商业风险，完全进行产业化运作。考虑到其非营利性以及保护其良性发展的需要，非政府组织的这种产业投资，应积极争取到政府的合作与支持，如免除税收或者给予直接、间接经济资助等，将更有助于这一新型产业的发展。

总之，在民间资金的支持下，非政府组织将会成为零污染的另一重要经济支柱，有望撑起零污染经济的半壁江山。

三、 国际社会的经济潜力

1. 国际组织

污染没有国界，这不仅仅是说大气污染、水体污染会影响的国界以外、甚至是全世界的范围，还意味着污染的产品在全世界流通和使用。因此在当今社会，任何一项发生在国内的污染，都可能影响到国界之外的某些地方、某些人。从这种意义上讲，对污染的治理也是没有国界的，治理污染，仅靠国内政府和国内非政府组织的经济努力是不够的，需要发动国际社会共同行动，借助国际社会的经济力量共同完成。

国际社会是世界各主权国家以及国际组织的总称。目前作为联合国的成员国有 195 个；国际组织包括政府间的国际组织和非政府间的国际组织。政府间的国际组织是由各国政府基于自愿、互利的原则组织的合作机构。非政府间的国际组织主要是民间组织，但也不排除某些具有政府背景或者受政府间国际组织影响的情况。

(1) 联合国，世界最大的政府间国际组织。联合国是第二次世界大战后成立的，之后演变为包括政治、经济、金融、贸易、科学技术、文化、环保、人道、医疗卫生等综合性职能的国际组织。联合国大会之下的常设机构为：安全理事会、经济与社会理事会、托管理事会、国际法院和秘书处。联合国的下设机构还有：联合国计划开发署、联合国环境规划署、联合国贸易和发展会议、联合国人口基金、联合国儿童基金会、联合国难民事务高级专员公署、联合国欧洲经济委员会、联合国粮食计划署、亚洲及太平洋经济社会委员会、和平利用外层空间委员会。此外联合国专门机构还有：国际劳工组织、联合国粮食及农业组织、联合国教育、科学及文化组织、世界卫生组织、国际货币基金组织、国际开发协会、世界银行、国际金融公司、国际民用航空组织、万国邮政联盟、国际电讯联盟、世界气象组织、国际海事组织、世界知识产权组织、国际农业发展基金会、联合国工业发展基金会、国际原子能机构、世界贸易组织。这些专门机构涉及各种国际合作与解决纠纷领域。

作为“二战”胜利成果之一的联合国，原为“二战”后国际政治、军事秩序的维护者。但由于冷战与意识形态的因素，由于大国之间的博弃，以及近年来宗教冲突、反恐战争的影响，联合国始终不能如愿以偿地发挥其初衷作用。

然而联合国庞大机构的动员和执行能力是任何其他国际组织都不可比拟的。如果联合国也能够将零污染作为自己的主要工作任务的话，那么联合国现行的机构和专门机构，都可以直接或者间接地成为零污染进程服务。这些机构充分发挥其筹资和管理运作能力，可望成为国际层面零污染经济的主力军。

(2) 国际奥委会。在联合国之外的另一个庞大且有影响力的国际组织就是国际奥林匹克委员会及其下属的各种运动协会、体育联合会，以及各国的奥委会。与联合国的弱势相比，国际奥委会对各成员国具有权威性和约束力。在国际奥委会下的各项世界体育赛事，基本上不受政治、宗教因素的干扰。国际奥委会除了独立性和权威性之外，还有巨大的经济动员能力，凡是举办大型国际体育赛事的国家，都会获得巨大的商业利益。

以健身和体育为宗旨的国际奥委会，似乎与环保没有直接关系，但从环境与生态对人类身体与健康影响的角度看，国际奥委会至少是零污染的同盟军。国际奥委会可以在两个方面给予零污染进程以有力支持：其一，其超越政治、宗教和国家利益之上的影响力，可以动员更广泛的人群参与和支持零污染活动；其二，其巨大的经济潜力，可以向零污染倾斜，带动零污染产业发展。例如倡导绿色奥运、零污染奥运，可以带动体育、新闻、建筑等大量相关产业向零污染转化。

(3) 政府间合作组织。联合国及其机构之外，还有不少政府间的合作组织，有的是政治、军事合作性质的，有的是经济合作性质的，如北大西洋公约组织、东南亚国家联盟、上海合作组织、美洲国家组织、非洲国家联盟、欧洲自由贸易联盟、亚洲基础建设投资银行等。上述这些政府间的合作组织，虽然成立的初衷并没有治理污染的内容，但都是环境友好型的，会与零污染进程相辅相成。

考虑到地区性的需求，一些相同经济发展状况国家，或者处于某种共同需要的国家之间，可以考虑建立以治理污染或者促进零污染为目标的政府间的合作组织。包括在发达国家之间建立旨在促进零污染的国际组织；在非洲等不发达国家之间建立类似国际组织；在宗教信仰相同的国家之间建立类似国家组织；在特定的江河流域、地域建立旨在保护流域、地域的环境治理组织等。这些国际组织直接以某项污染治理或者特定地区或者领域零污染为目标，参加国不但有共同的需求，而且专业性强，会收到很好的效果。

（4）非政府间的国际组织。这类组织不仅数量庞大，而且规模与组织动员能力差距极大。以中国为例，中国有非政府组织数十万家，在中国注册的非政府国际组织有五百余家。中国的非政府组织如果要走向国际化，就会通过这些在中国注册的非政府国际组织的渠道。反之，在中国的国际非政府组织，要在中国开展活动，也必然会与中国国内的非政府组织联系。国内非政府组织在零污染的进程中逐步国际化，使国际非政府间组织不断增加新鲜血液，其规模和经济能力也不断壮大。

非政府组织有巨大经济潜力，只要最大限度的动员其参与到国际间零污染的进程中，这种潜力就会焕发出来，利用其非政府组织的特点，作为国际社会政府间组织的重要补充。

2. 国际经济模式

国际社会其实就是一个国际大家庭，无论是主权国家、政府间国际组织还是非政府间国际组织，都与环境保护有千丝万缕的联系。治理污染不应该仅仅是环境保护组织的工作，而且应该是整个国际社会的第一要务，是历史赋予国际社会的共同责任。治理污染没有国界，是一项全人类的共同行动，这已经是当前国际社会的共识。在分析零污染的经济能力时，国际社会的合作与经济联手是不可或缺的。联合国以及其他相关的国际组织与机构，包括跨国的零污染非政府组织，都有为零污染筹资的义务，也都是零污染责任的担当者。

既然国际社会也是零污染的责任主体，那么国际社会的各成员就应该以适当的方式参与到其中，共同合作，将各自的经济力量协调发挥，形成良性的互补关系和合理的经济模式。

(1) 国家间的经济合作模式。国家间零污染经济合作，多为地域性、互助性或者基于共同目标。对于一些国家之间相关的污染治理目标，或者地区内外共同利益的环境保护项目，相关国家联合进行。例如湄公河流域治理，亚洲酸雨防治、亚马孙流域森林保护等，需要相关各国共同努力才能完成。由于这些区域的环境污染涉及区域内国家的共同利益，不论是发达国家或者发展中国家，都会共同参与。这些区域的发达国家也会从自身的利益出发，付出更多的资金或者帮助发展中国家的治理项目或者补贴民生。

对于一些零污染进程有重大影响的国际性投资和研究项目，由于需要大量的资金和高科技的投入，需要多个资金雄厚、科技发达国家共同联手进行。例如当前多国合作进行的核聚变发电，未来的超导洲际输电，农牧业生产的工厂化转型，以及未来医疗等。这些项目的完成对零污染进程有重大的影响和促进作用。

(2) 国际组织的经济合作模式。联合国、联合国旗下的环境保护以及相关组织，各国各地区的国际性环境保护组织等。这些国际组织既是环境保护的筹资机构，也是执行与管理机构。虽然这些机构近年来在环境保护方面进行了大量的工作，例如在应对气候变化方面，在生态环境保护方面。但由于缺乏统筹规划、缺乏各组织间的横向联系，因此国际社会并不是在环保方面下一盘棋，所造成的后果是整体效应不明显，国际环境保护发展也不平衡。国际社会的资金应重点放在帮助落后与不发达国家的环境保护方面，重点放在清除这些国家某些环境污染的死角。就像行军路上的收容队，国际组织应在经济上确保落后与不发达国家的环保工作不掉队，不能因此拖了零污染进程的后腿。

国际组织并不仅仅是扮演零污染征途上的收容队角色，还应该是引领者与指挥策划者。当零污染被定位为人类社会最大的利益时，对国际社会已经有了相应的需求，即应该有一个类似于联合国的广泛性、类似于国际奥委会的权威性的国际组织从事零污染的推进工作。

(3) 跨国非政府组织的经济合作模式。近年来跨国性的非政府组织日益壮大，经济实力也日趋雄厚。环境治理是这些跨国非政府组织最热衷的项目之一。为此，在规划零污染进程的经济运作模式时，一定要将该情况考虑进去。跨国非政府组织，应成为国际社会零污染经济进程的生力军。其经济运作模式应包括：其一，发挥其灵活与多样性与多元化的特长，作为政府与国际组织环保经济投送的补充，而不与其重合，起到查漏补缺的作用。其二，参与产业化的环境保护经济运作，不以营利为目的，积累资金，进军一些高科技的、引领产业发展的环境保护产业，成为零污染经济的冲锋队、攻坚队。

四、零污染商业化

1. 与全球化相遇

提到零污染的商业化，人们就很自然地想到全球经济一体化，即通常所说的全球化。全球化不仅表现为进出口份额在各国总产出中的增加，也表现为全球金融市场一体化加强①。全球化生产典型的例子就是价格 10 美元芭比娃娃的生产：资本和设计来自美国，塑料和头发来自日本和中国台湾，衣服和装配来自中国大陆，运输和出口商在中国香港。其他高档一些的产品，如手机、汽车、飞机，更是世界成千上万家企业合作的成果。在金融与资本市场，全球化已经使世界各国陷入近乎一荣俱荣、一损俱损的地步。例如近年来俄罗斯、巴西、东南亚的经济危机引发了全世界经济衰退；美国股市、美元汇率、原油期货交易价格成了世界经济的晴雨表。全球化虽然对于世界经济有不少负面影响，但总体看是利大于弊，对于推动世界经济近年来的高速发展起着巨大的作用。全球化对于零污染的商业化运作，无疑是一个巨大的利好，零污染不仅可以通过全球化的渠道扩大影响，也可以借助全球化向商业化发

① 参见［美］保罗·萨缪尔森、威廉·诺德豪斯：《经济学》，萧琛主译，28 页，北京，人民邮电出版社，2012。

展。为此，与全球化接轨，就需要从零污染产业开始。

零污染产业应包括三种类型：一是治理污染的产业，例如生产污水处理、空气净化类产品和产业。二是生产零污染产品的产业，例如水力、太阳能、氢能发电，电动车、氢燃料电池，无污染食品等。三是准零污染产业，是指目前还达不到零污染的标准，但人们又不得不使用的过渡性产品和产业。准零污染产业，在严格的意义上还不是零污染产业，只有这些产业由限制污染的标准降到零污染的标准，才能进入零污染产业名录。

所谓的商业化运作，就是遵循投入与产出的经济规律，逐步将零污染产业纳入商业经营的模式之中。使零污染产业逐步摆脱慈善、资助和政府扶持模式，在市场经济中站住脚，自我复制和自主发展。能否使零污染顺利向产业化发展，进而向商业化过渡，这其实是零污染进程能否持续发展的关键所在。零污染也只有过渡到产业化、商业化，才能最终脱离被资助、被扶持的幼年期，最终成长为市场经济的主力军，在市场经济中不断发展，在商业竞争中不断完善。

现代污染由产业化而生，其最终的治理还需通过产业化的途径。这似乎应了中国一句俗话："解铃还须系铃人"。然而，零污染产业在初涉市场经济时期必然有其脆弱的一面，无论在资金、技术还是管理经验方面，都难以与市场上大量的污染企业、准零污染企业竞争。因此，零污染企业必然有一个发展、壮大的过程，这个过程不仅需要资金和技术的投入，还需要政策、法律方面的支持。易言之，零污染产业的发展，还需要一定的扶持条件。

(1) 资金。零污染产业资金有三个来源：其一是政府资金，主要用于治理污染的产业，这些产业可能是政府自己投资和管理的，也可能是政府以资助、补贴的方式投放给企业的。其二是非政府组织的资金，其用途比较分散，由非政府组织根据自己的意愿投放，有的用来资助政府环境治理项目，有的资助非政府的环境治理企业，还有的可能是非政府组织直接投资建设环境治理企业。其三是国际社会的资金，来自政府间和非政府国际组织。这些资金多用于贫困、落后国家和地区的环境治理产业，也有用于国际上重大的环境治理示范企业。

（2）科学技术。零污染产业一定是站在国际最新科学技术的高度上。这就意味着世界各国就环境治理的科学技术领域要消除技术封锁壁垒，精诚合作。对于一些涉及知识产权的环境或者替代产品专利，应由国际社会买单（设立专门的机构和基金），供企业无偿使用。特别是对于污染产品的替代产品，不能因为有知识产权的壁垒而导致推广障碍。

（3）政策与法律。政策和法律是政府扶持零污染经济的两只手。一只手是政府通过制定支持零污染经济的政策和法规，鼓励和扶持零污染经济的发展；另一只手是打压和限制污染经济，迫使其萎缩和转型。政府通过严格的立法和执法，逐步缩小污染经济的合法空间，加大污染经济的产业成本。

上述的三个方面，是建立零污染产业之必要起步条件。零污染产业的发展，仅具备上述条件还是不够的，还需要有正确的发展途径和企业自身的努力。

2. 商业化模式

零污染产业的商业化运作，包括两种类型：

(1) 发展、扶持新型的零污染产品的产业，逐步走向市场。新型的零污染产业主要是指生产零污染新产品的产业，生产过程中不产生“三废”污染的产业。

(2) 鼓励和促进现有的非零污染产业的产品转型，生产零污染产品，或者先过渡为准零污染产品，再过渡为零污染产品。

两种不同类型的商业化所经历的发展途径也不尽相同。就新型的零污染产业而言，在发展的初期需要在经济、技术和政策方面给予更多的扶持。使其尽快在市场中站稳脚跟，之后扶持逐步减少，直到完全在市场经济中自立，并做大做强：其一，在产品质量方面确实做到无污染，生产产品的环节也没有污染。其二，价格与原产品持平或者略高于原产品（在消费者考虑到环保的因素可以接受的范围）。其三，生产者、经营者有利润空间（前期不可避免的有补贴和税收优惠，逐步过渡到取消补贴和减税）。

就从污染产业转型而来的零污染产业而言，这些企业可以发挥自己生产、管理经验方面的优势和利用现有的生产设备，政府对其的经济、政策和技术支持也是必不可少的。这类产业的转型可以有一定的过渡期，通过自身的设备改造和技术完善，逐步减少产品的污染程度，逐步减少“三废”的排放，最终达到零污染的标准。

零污染商业化运作可望发挥三个作用：一是引领与示范作用。是指通过建立一批各种类型的新型零污染企业，使其成为既能够盈利，又不产生任何污染的企业典范。其技术、管理以及环保规范将成为同类行业的标准。同时也给全社会树立了样板，引领更多的资金向新型零污染企业投资，形成全社会的投资热点。二是促进人们的观念形态改变。过去

“发展必然以污染为代价”的观念被彻底抛弃，更多的人接受了零污染经济的发展观。当人类认识到零污染商业化不但可以根除污染，而且是有利可图的投资利好后，新的零污染经济发展模式就自然成为追捧的对象。三是促使形成新的商业经济发展模式。人类社会在零污染商业化的过程中，会逐步抛弃旧的商业模式，代之而起的就是零污染的新商业经济发展模式。

3. 商业化的呵护

零污染经济的商业化在起步阶段，难以与现存的污染或准零污染产业组成的大军相竞争。因此，需要得到政府、非政府组织以及国际组织的经济支持与法律保护，需要全人类的共识和支持。就像一颗新发芽的树种，要在森林中成长为参天大树所经历的过程一样。对于零污染产业的扶持和保护，应成为各国政府的主要职责。非政府组织和国际社会也应发挥积极的作用。

(1) 零污染产业的建立阶段。政府对于零污染产业的投资和建设，给予各种优惠和便利，如土地供应，基础设施建设，财政补贴等。

(2) 零污染产业的发展阶段，政府对于零污染产业应免除税收，享受优惠政策或者补贴。同样，政府对于其他经转产达到零污染标准的企业，也应给予鼓励，包括减免税收，享受优惠政策或者补贴等。

(3) 在零污染产业发展成型的基础上，各国政府应逐步收紧对污染企业的限制，如通过征收治污费用、碳税，处罚超排等措施，提高污染产品的成本，挤压污染企业的利润空间，迫使其关停或者向零污染产业转型。

(4) 非政府组织和国际社会同样有义务对新生的零污染产业进行扶持，这类扶持主要是经济投资、资助，以及必要的技术支持（如购买专利供相关产业无偿使用等）。此外，对于因政治、宗教或意识形态原因政府无法进行投资或扶持的一些特殊地区零污染产业，非政府组织或国际社会可以直接投资或扶持。

零污染产业经政府、非政府组织和国际社会的扶持，使其在市场经济中逐步发展壮大，做大做强，成为引领一国乃至世界经济的中坚力量。零污染产业至此达到成熟，完全可以摆脱扶持和资助独立于商业社会了。

五、 与互联网经济联手

1. 互联网经济不简单

1995 年的一个夜晚，杭州电视台做了一个测试，他们找来几个身高体壮的人扮作小偷，在一条街道上公然撬窃下水道盖子，过往的行人都没有出面阻止。直到被一个二十多岁的骑自行车瘦小青年看到后，他不顾危险冲向正在作案的彪形大汉，大声喝令他们放下。这段视频在电视台播放后，人们对于这名叫马云的正义青年无不称赞，但随后不久就忘记了。直到时隔近 20 年，2014 年 9 月阿里巴巴公司在美国上市，人们因为这位中国最成功的互联网企业家马云，才又记起了当年马云本人见义勇为的故事。由此可见，马云的成功并不是白给的，以马云为代表的互联网经济也是有深刻的道德文化根基的。

互联网经济也称网络经济，是指建立在现代电子信息网络基础之上新的经济形态。互联网经济使传统经济运作模式发生根本性变化，在传统经济基础之上，经过现代计算机、信息技术提升了的更高形态的经济发展模式。把互联网经济与传统的经济模式对立起来，将其称之为虚拟经济的观念是不正确的。互联网经济并非虚拟，是现实的、实实在在存在的经济模式。互联网经济是一个产业群体，包括网络公司、电商、物流公司、制造商、媒体与信息公司（搜索引擎）等企业群体，也包括电信、电力、能源、交通运输的基础实业群体，还包括大数据、云计算等支持技术。当前互联网经济的支柱产业包括电子商务、网络金融、网络媒体、网络游戏和搜索引擎几大类。互联网经济逐步覆盖了全社会各经济主体的生产、交换、分配消费的各个环节，也覆盖了政府部门、金融机构的决策、执法和职务行为。可以这么说，未来时代是“互联网+”的时代，互联网将成为现代一切社会形态，包括政治、经济、宗教、文化的基础；或者说现代社会经济搭载了一艘以光速行进的互联网飞船！这一比喻并不过分，因为电子网络的速度就是与光速相等的。试想我们在互联网上查询一个信息，或者处理一项交易，其结果反馈速度几乎是与行为同步。因此，仅就速度而言，互联网经济就比传统经济方便、快捷不知多少倍。除了处理快速、便捷之外，互联网经济还有下列特点：

（1）宜接性。互联网经济通过对于信息流、物流、资本流之间的关系进行重构，压缩甚至消减不必要的中间环节。从而使处于网络终端的消费者、产品生产者、原料供应者、中间服务商、管理者等所有市场经济的参与者都可以直接沟通或者联络。将不必要的中间环节降到最低，从而显著地降低了成本，提高了经济效益。如果把农业经济模式下的交换形式称为直接式（通过易货方式交换），把工业经济模式下的交换称作间接式（通过货币和商业渠道交换），那么互联网经济模式下的交换就应称作宜接式。因为虽然两个终端的主体间的交换可能是直接的，但并不意味要架过必要的中间环节，是否需要经过中间环节（或者一个以上）一切以实际需求为必要。

(2) 融合性。互联网经济可以使产业分类之间的界限因信息服务业的渗透而模糊。出现第一、第二与第三产业之间的融合，并催生了跨产业之间的新型产业，如光电子产业，医疗器械电子产业，3D 打印产业，智能机器人产业等。

(3) 高增长与低成本性。高增长性表现在：其一，运算速度的增长，例如摩尔定律认为芯片运算速度每 18 个月增长 1 倍，其成本会减少一半。实际上 30 余年已增长 100 余万倍，芯片的成本与价格也在相应成百上千倍减少；其二，网络用户的增长，例如梅特卡夫法则认为网络用户每 100 天将翻一番；其三，宽带容量的增长，例如吉尔德定律认为宽带容量每年以 3 倍的速度增长，而相应的传输费用点无限接近于零；其四，边际效应的增长，例如信息成本不变的情况下，由于使用规模的扩大而带来收益的增长，而信息成本在收益中的比例则下降。

(5) 可持续性。由于知识和信息的可重复使用性，网络技术使信息与知识迅速复制，出售信息并没有失去信息，而可以共享信息资源。知识产品再生产过程中，不像土地、原材料、资金那样被消耗，而是零消耗。由此可见互联网经济的可持续发展性。

(6) 环境友好性。互联网经济的低成本、高增长本身就意味着对资源的高度节约。如果从产值的碳消耗量计算，互联网经济每盈利一美元的碳消耗量应该在商业产品的百分之一或者更低，与工业产品相比应该在千分之一或之下。此外还有对于基本“原料”——信息与知识的零消耗，更意味着互联网运作过程是零污染。这是目前任何一个产业都不具备的优势。

2. 零污染的好帮手

互联网经济不仅具有环境友好的特征，其运作模式本身对零污染进程具有帮助作用。

(1) 减少中间牟利，降低产品成本，监督产品质量。据有关资料统计，中国电商卖出的服装价格是一般服装商店的三分之一；中国农村销售的农药、化肥、种子，其出厂价不到零售价的一半。另外，由于腐败等原因，某些药品中间商、医院加价严重，有的甚至高出成本数十、上百倍。互联网对此的帮助作用可以体现在：其一，借助互联网经济，可以使零污染的产品价格避开中间牟利或者腐败的抬升，更具有市场竞争力。其二，对于零污染产品在生产过程中进行全程监控，包括原料生产、产品加工、仓储运输，以及三废处理等环节。这些监控应由生产者、消费者和政府监管部门适时共享。

(2) 信息与技术共享，增加效率、降低成本。就零污染进程而言，各参与主体对所有相关的信息与科技知识，借助互联网可以无偿共享。这种共享，其一是可以提高零污染产业效率；其二是可以降低零污染产品成本。而效率和成本是零污染产品的核心竞争力。

(3) 互联网金融的支持。互联网金融是指利用互联网技术和信息通讯技术实现的资金融通、支付、投资和信息实现的新型金融业务。如众筹、P2P、网贷、第三方支付等。互联网金融具有成本低、效率高、覆盖广、发展快的特点。目前传统的金融行业也在向互联网金融靠拢，利用互联网提高效率、降低成本。互联网金融可以在融资、募集社会资助、产业投资、产品交易等方面对零污染进程提供最有力的支持。

3. 互动与融合

互联网对于零污染进程无疑是最大的帮手，无论从宣传动员方面，还是从筹资与组织、管理运行方面，借助互联网就会如虎添翼。然而二者之间的关系还不止单向的推动与被推动，零污染无疑也会对互联网经济起到反推动作用，使互联网借助零污染的民众基础和巨大号召力做大做强。互联网经济与零污染的互动与协调发展关系如下：

(1) 相互需求。互联网经济与零污染并不单纯是谁借助谁的问题，而是相互都有需求。简单说，互联网经济可以借助零污染的概念与人气扩大业务范围，开拓新的商业领域；而零污染经济也可以借助互联网的平台扩大影响，降低成本、加快速度。二者的紧密结合，可以达到双赢。

(2) 良性互动。互联网经济与零污染进程可以达到良性互动。越是发达的互联网经济，对于零污染进程的帮助与促进越大；与此同时，零污染进程的顺利发展，也给互联网经济增加了活力。

(3) 协调发展。未来互联网经济会覆盖到人类社会活动的方方面面，也包括零污染的各个层面。鉴于零污染进程将成为人类社会活动的主要内容，二者的协调发展将会成为人类未来一个时期的社会常态。

互联网经济与零污染经济最终的归宿应该是高度的契合，零污染商业化借助互联网平台，或者说成为互联网经济的一个部分，融入人类社会的生产生活之中。因为在未来社会中，污染产品已经成为历史，互联网上流通的所有商品都是零污染的。

本章结语：零污染进程虽然耗资巨大，但人类社会是有智慧、有能力推进并满足其经济需求的。虽然可能在零污染进程早期，由于种种问题和困难致使资金紧缺，影响进程，但随着上述各种力量的介入和政策优化，会逐步进入良性循环的快速轨道，困扰零污染进程的资金难题将逐步得到缓解，并在最终圆满解决。零污染的经济推动，可以充分发挥政府、非政府组织、国际社会的积极性，动员各种经济力量，并通过科学调度，形成合力。此外，推动零污染的经济的发展，还可以通过市场化途径，逐步由外部经济力量的推动发展为零污染经济的自我发展，自我完善，成为市场经济的主力军。零污染经济发展的另一个同盟者就是互联网经济，二者可望相得益彰。由此可见，人类社会推进零污染进程，不仅在科学技术上是可行的，在经济能力上也是有保障的。

第七章
零污染之政治环境

人类推进零污染，需要良好的国际国内政治环境。因为无论是发展科学技术，还是产业经济运行，零污染进程的方方面面都离不开政府的监管与支持，也离不开和平稳定的社会秩序，更离不开平等和谐的人际关系。解决这一问题，需要了解当前国际国内政治环境的现状，需要分析各国现存政治制度与零污染的关联性。在此基础上，努力构建环境友好型国际、国内秩序，并与零污染进程良性互动。

一、 与政治体制的关联

1. 各国政治体制

纵观世界各国的政治体制，可以分为三大类型，即君主制、共和制和君主立宪制。这三大类又可以细分为若干小类。

君主制就是君主为世袭的国家元首，集国家所有权力为一身。君主制是最古老的政治体制，是人类自从脱离了原始状态以来，经数千年延续至今的政治体制。中国的君主制度始于公元前 2070 年的夏朝，终结于上世纪初的辛亥革命（1911 年），经历了十余个朝代，延续了近四千年。有文字记录的世界最早的君主是公元前 3200 年的古埃及法老美尼斯，距今已有 5 千多年。君主制已经退出现代国际政治体制的主流。现存的君主制包括：世袭独裁制，如沙特、科威特、阿曼等；二元君主制，如约旦、文莱、摩洛哥等；联合君主制，如阿联酋，由世袭的酋长们轮流执政。

共和制是现代国家政治体制的主流，根据各国的历史与传统，形成各种不同的类型：有单一总统制，如法国、韩国；联邦总统制，如美国、俄罗斯；议会制，如意大利、德国；神权共和制，如伊朗；人民代表大会制，如中国、古巴。

君主立宪制其实是君主制与共和制的妥协，或者名义上的君主制，实为共和制，君主没有实际权力。这些国家如英国、日本、比利时、泰国等。

此外还有英联邦女王制，类似于君主立宪制，但更为松散。例如澳大利亚、加拿大、新西兰等前英国殖民地国家，独立后名义上保留了君主立宪制，仅此而已，英联邦国家实际上只是一种独立国家间的联盟。

2. 政治体制与环境

就上述世界各国的政治体制而言，与环境问题并无直接关联。试图通过不同的政治体制判断对环境是否友好，是不切实际的，即使有证据显示某些国家对环境保护不重视，或者放纵污染，那也是由各自社会与经济等原因造成的，与政治体制本身并无直接联系。但通过研究各国的政治体制，制定适合这些政治体制的环保政策，进而与国际间环境保护工作有效对接，开展零污染的国际、国内互动，具有重要意义。因为任何关于零污染的宏观、微观的国际合作，国内政策制定，都会密切联系到各国政治体制的实际情况。

不论各国的政治体制如何，都应当（也是必须的）把零污染作为一项政府责任，这是因为零污染不但是最大的民生工程，也是最大的民心工程。中国唐朝的李世民皇帝曾说过："民可以载舟，也可以覆舟"。中国还有句古训："得民心者得天下"。政府只有在环境保护方面有所作为，执政者只有努力践行零污染的使命，才能得民心，顺民意，得到人民群众的广泛拥护。

在未来世界各国的政治格局中，零污染有望成为一个普遍的执政纲领，不但会成为执政党的执政纲领与执政内容，也是检验执政党执政能力的一个重要标准。

二、 国内政治的环境友好性

1. 政治环境优化

良好的国内政治环境，是能否顺利推进零污染进程的前提。也就是说，在一国之内能否顺利地推进零污染，是需要最低的政治环境条件的，即社会秩序稳定，人民安居乐业，民族和解、团结，政治透明、政府廉洁等。纵观世界各国，绝大部分国家是基本能够满足这些政治条件的。影响零污染进程的国内因素也有很多，归结起来有下列几类：

(1) 战乱与冲突。一些国家或者地区，由于政治、宗教以及意识形态等原因，尚处于战乱或者冲突之中，在这些地方恐怖袭击频繁，人民基本的生命财产安全得不到保障。无论是政府还是民间，大家都忙于战事和自身的安全，无暇也不可能顾及环境问题了。这些国家和地区如中东、西亚、东欧、北非等，相邻国家也都因此受到这样、那样的波及。战乱不仅干扰到了这些国家的正常秩序，人民的生命财产都无法保证，更无从谈起零污染进程。

(2) 贫穷与饥荒。还有一些国家和地区，由于战争破坏和气候的原因，贫穷和饥荒肆虐，民众在贫穷与饥饿线上挣扎。解决百姓们的温饱成为政府的第一要务，在当地很少有人会挑剔食品或衣物是否有污染，政府也会由于急于发展经济而放任的工农业生产中的污染行为。治理环境，参与零污染进程，很难提上这些政府的工作日程。

(3) 腐败和不作为。在一些贪腐严重的国家或者政府的某些部门，公共资源被巧取豪夺，政府职能成了有偿服务。腐败不仅降低了政府的公信力和执政能力，使国家环境保护政策不能落实，就连用以环境保护和社会救济的资金也都可能流入个人腰包，环境监测部门成了收费放行机构。由于腐败致使国家的环保政策难以贯彻，国家的环保经费被侵吞或挪用，推进零污染也会受到巨大阻力。腐败的另一种表现形式就是慵懒和不作为，政府部门或工作人员无所事事、明哲保身、慵懒成性。腐败和不作为，对于零污染的阻碍不逊于战乱和饥荒。

(4) 利益集团的干扰。在一些工业化国家，许多污染产业或者与污染有关的产业形成利益集团，影响着这些国家的环保政策的制定。例如碳排放严重的火电业、钢铁水泥业；间接碳排放的汽车制造业、造船业；造成化学污染的化工、造纸、印染、农药、化肥业；造成放射污染威胁的核武器制造、核裂变发电；造成战争污染的军火工业等。这些利益团体既是污染的制造者，又是国民经济的支柱产业。为了企业的生存和利益，不可避免的要对国家的环保政策施加这样那样的影响，以期向有利自己方面倾斜。在环保政策执行中，也难以避免抵触、拖延甚至弄虚作假。

上述干扰因素虽然不是各国政治环境的主流，但对各国以及国际间的环境保护工作，乃至零污染进程的阻碍作用不可小觑。因为如果把世界零污染进程作为一个整体的、有序的系统工程的话，任何上述的干扰因素，都可能牵一发而动全身，所影响的不仅仅是本国本地区的环保进程，也会影响到零污染的全球化进程。

解决上述的干扰因素，需要有关各国以及国际社会共同努力，特别是涉及战乱与贫困的，需要域内域外有关国家共同合作，消除战乱与冲突的根源，达到民族与宗教和解，并给予贫困地区国家经济技术援助，使其在解决冲突后尽快恢复基本的国家职能，达到零污染的最低政治条件。对于国家的公职人员贪腐和官员慵懒，需要依靠这些国家大力整饬吏治，增强人民监督，实现政治清廉。对于工业化国家的产业利益集团对环保政策的影响，可以通过完善国家法制，在政策制定方面加以遏制，在司法方面予以惩处，并通过税收、金融杠杆予以控制。

虽然说零污染进程是以上述国内最低政治标准为前提的，但其本身也会对各国内部的政治环境优化产生积极的影响。这些影响包括：通过零污染找到国家和民族利益的共同点，从而达成某种妥协，结束在政治、宗教诸方面的纷争；通过参加零污染的全球化行动，使贫困国家在技术、资金援助方面受益，在环保产业中受益，加快这些国家脱贫步伐；通过零污染这项惠及普世的行动，增强人类的善念，促进廉政和社会各阶层的利益和谐。

2. 提升为国家意志

零污染作为人类社会共同的，也是最大的利益，当然也应成为各国的最高国家利益，纳入国家意志之中。零污染的国家意志提升，应包括：

(1) 宪政化、法律化。宪政化就是将零污染纳入国家的宪政体系之中，设定为国家的远景发展目标。例如将零污染目标写入宪法，或者制定具有宪法效力的《零污染促进法》，或者纳入宪法性文件之中。通过宪政化，使国家意志法律化，将零污染上升为国家的根本法或基本法的内容。法律化就是在国家的法律体系中，将环境保护、零污染的进程作为重要的立法、司法内容。例如制定独立的《环境保护法》(许多国家已经这样做了)；或者制定《零污染保障法》；在其他的民事、行政、刑事法律也应制定相应的环境保护或者“零污染”保障条例。在司法层面，还应建立相应的环境执法、司法和裁定机构[①]。

(2) 职能化。职能化就是将零污染纳入政府的基本职能之中。就大

① 在中国，2014年6月，最高人民法院成立了“环境资源审判庭”，之后全国在高级、中级人民法院逐步推开。

多数国家而言，在政府内部都设立有环境保护的职能机构以及相应的监督、执法机构。但现存的环境保护政府机构是建立在对污染控制和延缓的基础之上，建立在容忍一定程度污染的人类最低生存标准之上。如果要将该政府职能上升到推进零污染的职能化，还存在着巨大的差距，需要从人员、制度到设备的脱胎换骨的改造。因为这是从一支以控制、消减污染为专业的队伍，向消灭污染为职业队伍的转变。零污染职能化，不应仅限于政府的专业职能部门，还应包括其他相关政府机构所应承担的责任和义务，例如工农业生产的管理部门、产品质检部门、工商、税务部门、食品、卫生部门等，它们虽然不是“零污染”的专业机构，但促进“零污染”也是它们的重要职能。此外，各级政府的领导人，都应成为促进“零污染”的第一责任人，应将主要工作精力用于斯。

三、 环境友好的国际政治秩序

环境友好的国际政治秩序，就是在现存各国政治体制的基础之上，通过对国际关系的调整，结合零污染进程的实际需求，制定反映各国普遍意志的国际规范。毋庸置疑的是，就环境保护的议题而言，现代各国不论何种政治体制，都会有共同的意愿。所不同的是，各国可能出于不同的政治原因，就其实施的时机以及方式方法有不同的认识；各国也可能因为政治体制的不同，而所主张采取的政策、法律不同。如何才能在政治体制不同的国家之间，建立起一种国际规范，以便各国在零污染的进程中统一行动，或者减少分歧，这是建设环境友好型国际政治秩序的必要之举。国际规范的建立，就意味着各国在零污染的进程中携手并进。

1. 经济合作与互助的资金保障

中国有句俗话："好媳妇难做无米之炊"，对于零污染进程来说，所谓的米就是资金，没有资金支持是难以为继的。特别是一些落后或者不发达国家，面临的是环境压力大、经济贫乏双重困难。就发达国家而言，在本国环境保护资金尚不能满足的情况下，是很难说服公众拿出更多的钱支持贫困国家。而零污染进程是一个世界性的工程，需要各国同步协调发展，如果因某些国家或者地区脱轨，就会导致整体发展受到影响，就会产生"木桶效应"。

为了避免因为落后国家的"短板"拉低了整体零污染进程的水平，影响各国同步协调发展，就需要通过国际政治渠道建立各种保障措施：(1) 通过各国政治上的互动，超越意识形态和体制的藩篱，建立更通畅有效的合作与互助渠道。包括信息沟通，科学评估和测算，工程建设，资金拨付和监管等。为了保障这些资金的有效性和计划性，避免盲目和无序造成的损失和效率低下，国际社会或者通过联合国组织进行有效的管理和合理调配。不仅要使合作渠道畅通，还要提高合作的效率。(2) 通过国际社会的协调机制，鼓励和促进向不发达国家的零污染项目捐资或者投入。不论是来自政府的援助资金，还是来自民间捐助，国际社会在给予激励，除了精神上的褒奖外，还可以考虑享受一些特权、优先权或者给予经济补偿。(3) 通过各国政府间的合作，建立零污染的应急保障基金。对于一些因战乱、灾荒或者极端贫困引起的地区性环境灾难，或者零污染推进中的难点、死角，利用该保障基金进行改善。

2. 政治冲突与反恐战争之检讨

二次世界大战之后，世界经历了 70 余年的相对稳定时期，所谓的相对稳定，是指没有爆发世界性的全面战争。但世界一直处在战争的阴影和威胁之下，并未真正太平过，局部的战争与冲突时有发生。武器、战争装备的研发和使用，以及军队的作战与训练，恐怖袭击和破坏，都会产生严重的环境污染。这些局部战争和冲突最早源于意识形态，之后又加入了宗教和民族的内容。由于上述的政治、军事冲突，也导致至少在冲突地区与国家之间环境合作名存实亡，环境与人类生存状况日趋恶化。面对政治冲突的阻力，国际社会需要发挥更大的智慧，也意味着相关冲突方面为了人类共同利益，作出必要的克制和某些利益的牺牲。为了保障零污染进程的顺利实施，国际社会不应满足于战后局部的和平，而应意识到目前的危机，特别是对于当前愈演愈烈的反恐战争和宗教矛盾的激化，需要进行认真的检讨。

2001 年 9 月 11 日上午，两架被劫持的飞机撞击了纽约的美国世贸中心一号楼和二号楼，导致全部坍塌；另一架飞机撞上美国国防部的五角大楼，导致部分坍塌。该袭击共造成 2996 人遇难，美国经济损失达 2000 亿美元，对全球经济造成超过 1 万亿美元的损失。美国认定该袭击是本・拉登领导的基地组织所为，旋即宣布发动反恐战争，2001 年 10 月 7 日开始了向阿富汗的军事进攻，摧毁了基地组织和塔利班政权。2003 年 3 月美国又以销毁大规模杀伤性武器为由（但事后未在该国找到有大规模杀伤武器的证据），发动了伊拉克战争，消灭了萨达姆政权，但美国和盟国却陷入两国的战争泥潭。2011 年 2 月，利比亚爆发反政府示威，反政府武装崛起，在西方多国以空袭进行干涉，卡扎菲政权瓦解，卡扎菲被俘处死。但利比亚一直处在军阀混战的内乱之中。2011年5月1日，美国特种部队在巴基斯坦境内击毙本·拉登。之后，在叙利亚爆发了反政府活动，反政府武装得到西方国家支持不断壮大，叙利亚爆发了严重内战。在阿富汗战争之后，相继的伊拉克战争、伊拉克内战、利比亚内战、叙利亚战争。上述战争使三个国家的政权被推翻，使四个国家陷入长期战乱，这些国家基础设施被摧毁殆尽，经济陷入困境，造成大量无辜平民罹难，更多人沦为难民，引发了欧洲的难民潮，也影响了周边国家的安定和经济发展。

引发现代恐怖活动的原因很复杂，包括历史和现实的，也包括经济和文化的。从历史上看，伊斯兰教与基督教从公元七世纪以来，一直处于不断争夺地盘和人口的冲突中。虽然许多历史的创伤会被时间抹平，但历史的积怨被埋在宗教意识的深处，一旦新的冲突出现，极易重新爆发。

就现实的经济原因而言，冲突严重的地区往往是经济最不发达地区，或者是因战乱致使民众生活与安全没有基本保障地区，如阿富汗、伊拉克、利比亚、叙利亚等地。这些地区不但本身战乱、恐怖袭击频发，也成为对西方国家恐怖袭击的大本营与训练营。这些地区中众多的贫穷人口，为恐怖分子提供了源源不断的人力资源。

就宗教文化的原因而言，以基督教为主导的西方国家，由于经济发达和政治优越感，而缺乏对于伊斯兰教的理解和尊重。或者说以对待基督教的方式对待伊斯兰教，加之许多文化与社会的差异，或不经意间的亵渎，导致伊斯兰教众甚至整个伊斯兰教的愤怒与报复。例如1989年某国作家出版《撒旦诗篇》，由于对穆罕默德有争议的描写，引发伊斯兰世界的愤怒，曾被某伊斯兰国家缺席判处死刑；再如2012年2月20日，美国驻阿富汗士兵把《古兰经》等伊斯兰宗教书籍运往垃圾场焚烧，引发了阿富汗民众和伊斯兰世界的不满。

在“9・11”事件后，各国媒体在一致谴责恐怖分子的同时，也不乏冷静思考其发生原因的声音。许多媒体指出恐怖主义的重要根源是美国的中东政策。巴以长期冲突，制造出了自杀袭击的狂热分子。英国BBC、法国《世界报》认为，“问题的症结在于美国的中东政策”。英国《卫报》以“最好的防御是公道”为题，指出美国人必须公道，“才能真正制止本・拉登在阿拉伯和伊斯兰社会中得到的广泛支持”。

如果时间可以倒流，如果“9・11”事件之前的有关国家的领导人有机会站在今天的立场上审视当时的阿拉伯政策的话；或者，如果本・拉登不至于在“9・11”“玩大了”，那么这场世界性的反恐战争也许就可能不会发生了；如果没有反恐战争，就不会有西亚、中东国家的诸多乱局，也就不会滋生如此众多的自杀袭击者；不至于使一些国家因参与反恐战争惹火烧身，恐怖袭击蔓延到本国；更不至于引发如此巨大的难民潮，使欧洲国家不堪重负。如果不是“9・11”事件打开了反恐战争的“潘多拉”盒子，世界经济也许可以避免大衰退的厄运。

上述的假设也许会令有关国家的政要们不悦。中国有句俗话：“世界上没有卖后悔药的。”中国还有句俗话：“亡羊补牢，为时不晚”。相关各国的政要们，如果都能就“9・11”以来发生的反恐行为进行认真的检讨，就一定能找到解脱困境的出路。检讨反恐行为，笔者认为应从如下问题出发：其一，恐怖主义产生的背景，包括文化背景与经济背景；其二，恐怖主义的人力资源和经济来源；其三，反恐的根本出发点，是报复还是怀柔；其四，反恐的手段，是单纯的军事打击，人身消灭，还是综合手段，消除恐怖主义的产生土壤。

全面检讨反恐战争，调整反恐策略，其意义已经远远超出了政治冲突本身，从零污染的角度看，解决了政治冲突，不仅仅是给人类社会带来了和平和稳定，而且更主要的是为零污染进程创造了良好的实施条件。

3. 良性互动

零污染与人类利益的一致性，与各国政治体制的友好性，决定了正常情况下会受到世界各国的普遍支持，零污染也是世界各国政治、经济合作的目标。国际政治的合作与互助是零污染的推进条件。但我们也应认识到，国际政治体制的不和谐、不稳定以及冲突，会使零污染进程受到阻碍和破坏。

国际政治体制与零污染之间的关系并不是简单的推动关系，而是互动的。零污染进程也会不同程度的影响和促进国际关系的和谐与稳定。我们应了解和充分发展这种互动关系，化解各种国际矛盾，避免国际政治冲突发生，从而减少阻力。此外，随着零污染进程的深入，人类共同利益的增长，也会对于国际政治的某些冲突起到缓解作用。人类在推进零污染时，也应有意采取一些旨在发挥这一作用的措施，使国际社会更趋和谐。国际社会稳定了，就为零污染创造了更好的发展空间。

(1) 零污染的产业发展和经济投入，高科技、高技术的不断应用，会带动大量的就业，减少社会闲置人口，减少贫困化，促进社会的稳定。社会稳定了，社会矛盾就会减少，恐怖分子的社会基础就会削弱，恐怖组织就没有生长的土壤；由于社会矛盾、贫困化引发的阶层、族群冲突就会被逐步缓解。

(2) 随着污染的治理，国际合作会不断加强。国家间共同利益日益增长，国家间的矛盾与冲突也会逐步减少，国际关系中的强权主义已没有了市场，代之而起的是平等协商、谈判和基于共赢的妥协。不同政治体制之间的矛盾和摩擦会减少或者停止。

如果说人类社会还有什么共同利益的话，那就应该首推零污染了。或许人类社会在零污染进程的某一天，共同认识到了这是一个高于任何国家的政治、经济、宗教文化的最大利益，人类社会就可能会为了这个共同的最大利益而牺牲那些属于国家或者社会阶层的小利益了。

本章结语：世界不同政治体制本身并不产生对于零污染进程的阻碍因素，而不同政治体制国家之间的良好合作与必要的妥协，是零污染的促进因素。建设环境友好型的国际政治秩序，与各国政治体制不矛盾。借助环境友好的国际政治秩序，零污染会冲破经济和政治冲突的阻力，支持落后、发展中国家，并与之良性互动。零污染也有助于国内政治环境的优化，借助国家意志化，零污染进程会进入发展的快速道。

第八章
零污染的路线图

公元前 471 年，中国春秋时期的著名哲学家老子去世了，他留下了一部《道德经》。其中的一句名言："人法地、地法天，天法道，道法自然"，被公认为是揭示了宇宙自然的基本规律。短短的 13 个字，古今中外，一千个大师对此会有一千种解释，科学家认为是揭示了自然规律；政治家认为是无为而治；哲学家认为是辩证法则；经济学家认为是增长规律；佛教大师们则认为是业报轮回。但如果我们把老子的话倒过来理解，问题或许就简单得多了：万物之规律的道，是师从宇宙自然而来，而天体孕育了地球，地球孕育了人类，人类生存在自然空间，无不遵循此道，此道乃大道也！从某一个行业、某一个角度出发，都不可能对此有全面的解释，但又不能否定与此的关联。就人类面临的污染问题而言，又何尝不是一个逆道之举。如今人类已经意识到了这一点，从现在开启的零污染进程，正是人类回归“道法自然”的“天人合一”之举。

人类此举此道所基于的共同理念是：污染没有国界，污染不分族类，零污染符合全人类的共同利益，治污是全人类的共同责任。人类实现零污染百年进程，需要全人类共同参与。不论种族和民族，也不论贫穷还是富裕，全世界的每个人，都要承担起保护人类生存环境的义务；不论是大国还是小国，不论是政府还是非政府机构，全世界的所有组织或机构，都要对实现零污染负起责任。

人类为此实施的零污染百年规划，应该基于上述人文与社会基础，制定出切实可行的行动路线图。该路线图从时间进度划分，可分为准备与初始期、成长期和完成期三个阶段。

一、 准备与初始期的呵护

人类社会为全面推进零污染进程，需要进行精神准备和物质准备，也需要一个最初的试验和启动阶段。由于准备与初始并没有明确的界限，也会有更多的交错和反复。因此我们把这两个工作内容放在一个阶段研究。这一阶段大致计划用 30 年时间。

1. 准备期的挑战

准备期的挑战是严峻的，大致要经历三个阶段。

（1）零污染思想与观念的形成。即通过各种交流、宣传渠道，大力推介零污染观念，达成人类社会广泛的共识。零污染观念被人们接受的过程，是一个全人类观念改变的浩大思想建设工程。因为迄今为止，还没有哪一种思想体系、宗教信仰成为全人类的共同思想观念。而今提出的零污染理念，也许目前只占人类思想观念的七十亿分之一。由当前一人观念发展为七十亿人共识的理想程度，不仅需要符合人类共同福祉的前提条件，还需要科学高效的宣传、快速有力推介渠道、坚韧不拔的工作努力以及集中人类最优秀聪明才智的传播方法。

鉴于目前人类社会发展的不平衡性，社会形态和思想、文化的多元性，期望在数年时间内把人类思想观念统一于零污染的轨道，是不亚于“愚公移山”般的巨大挑战。但所幸的是：零污染观念与人类多元的思想文化、宗教信仰、政治理念不存在根本的冲突。接受零污染观念，不会使现实社会中人们背离自己原有的观念和信仰，在某种意义上还有良性的互补作用。因此，尽管人类在思想文化、政治与宗教信仰方面存在巨大差异，但在接受零污染观念方面，具有共同的思想基础。虽然也可能有人不愿接受零污染的观念，但不接受的原因是这些人尚未认识到人类社会有能力达到零污染，而不是反对零污染，也不会因为暂时认识不到其可行性而阻止人类向零污染方向的努力。

从另一种意义上看，零污染观念还可能是不同种族、不同思想文化、不同政治、宗教信仰人群之间的“黏合剂”。通过零污染观念推广，使不同种族、不同思想文化、不同政治、宗教信仰的人群找到共同的思想基础，加之在零污染实施过程中找到利益的共同点，随着零污染进程的深入发展，在这种思想基础上的利益共同点逐步扩大；进而会使人类群体之间的不同点和差异缩小或者淡化。人类社会很可能会因环境问题的合作和交流而放弃许多争端和冲突，局部地区的敌对各方也有可能为了环境保护的目的而化干戈为玉帛。

虽然从零污染观念的创立到成为全人类的共同理念，还有好长的路要走，但总的趋势是不可逆转的。

(2) 组织方面的准备。零污染进程需要一个强有力的世界性的国际间的合作、协调机构，也需要一批外围的辅助机构，形成一个有权威的、有经济实力的指挥中枢。之后逐步发展成具有一定决策、执行能力的机构。世界各国各地区，在达成零污染共识的基础之上，应共同为创建推进世界性组织与协调机构而努力。具体组织方式可以有两种选择：其一，在联合国基础上改造。即借助联合国以及相应下属机构、专门机构，增加或者完善其职能。逐步将零污染渗透到联合国的职责之中，使联合国承担起决策、指挥中枢的功能。其二，在联合国之外建立新机构。或者将联合国的某些与零污染相关的机构或者组织分离出来，与现存国际社会的政府间、非政府间组织共同组建一个新的零污染中枢机构。这一机构是脱离了联合国框架的又一大型国际组织，类似于国际奥委会，但涉及的领域更为广阔。

上述两种选择各有利弊。如果是在联合国基础上改造而成，其优点是可以充分利用联合国的现有优势，无论从人员、管理经验还是从硬件设施上，都可以充分利用，且减少成本；其缺点是与联合国现有的工作交叉和争夺人力物力资源，且很难突破联合国以前的工作惯性。如果是在联合国之外另起炉灶，建立一个全新的庞大国际中枢机构，虽然在工作推进中不存在联合国的弊端，但其建设费用、经费、人力资源，工作、管理经验等方面会有太多的困难。这是决策者们应该慎重考虑的问题。

国际中枢机构的最初职能，应包括宣传教育，科学研究，经费筹措，合作协调，执行监控等。与上述职能相适应，成立相应的分支机构：其一，教育宣传部门。承担环境保护和零污染观念的宣传和教育职责，其目标是促使世界大多数人接受零污染观念，同意为实现零污染目标共同努力。其二，科学研究部门。承担推进零污染实施战略和政策法规等相关问题的研究，制定行动方针，充当智库。其三，经费筹措部门。通过募捐、认缴等方式，筹措经费用于支持落后国家和地区零污染进程的起步；用于资助、奖励与推进零污染相关的技术进步，科学发明；用于支付推进零污染国际组织与协调机构的经费。其四，合作协调部门。组织各国与各地区参加零污染的国际性合作，并协调各合作国家与地区的行动。其五，执行监控部门。承担对推进零污染进程的全球范围监察和督促职能。在掌握第一手信息、情报基础上，对各国各地区展开工作指导和协调。

(3) 行动方面的准备。是指巩固现有环保成果，为零污染进程的展开奠定基础。包括整理和规范社会各个领域关于环境保护的法律法规，监督和惩处违规行为，切实保障限制污染的规范被遵守，使之常态化。这一阶段不仅要有效控制生产、生活环节中各种污染；还要严防死守，杜绝新污染的出现。

准备阶段最大阻力来自环保方面的违规行为，以及违规获利者。违规行为包括：不顾污染和破坏生态的超标排污，或不采取必要治污措施，或为追求利益造成二次污染。违规行为节约了必要的环保支出，或为追求利益而罔顾环境破坏，使不遵守环保法规者成为获利者，这些获利者又是该准备阶段的最大反对者和阻力制造者。在这一阶段中，与这些既得利益者的博弈，是零污染行动的主旋律。

2. 初始推动之艰难

在零污染观念形态逐步成为人类主流思想的基础上，在现行污染治理进入常态化前提下，零污染进程具备了启动的条件。零污染的启动过程，就像高铁列车一样，有一个由静到动的加速过渡期。列车启动所付出的动力也是最大的，零污染进程的起步阶段，也与此类似，俗话说："万事开头难"。

(1) 在初始期，为实现零污染共同愿景，人类社会应有牺牲某些局部利益的承受能力；有消除某些分歧和隔阂的思想准备。特别是发达国家和富裕人群，他们所付出的努力和代价往往要大于落后国家和贫困人群。但落后国家和贫困人群也会有这样的观点：环境被破坏与恶化是由于过度工业化和牺牲环境的发展而导致的，从某种意义上讲发达和富裕是牺牲全球的生态环境换来的，因此发达国家和富裕人群理所当然应付出更多。然而发达国家和富裕人群也会有不同的认识：虽然他们也认同在过去工业化和走向发达的过程中造成了环境的污染和恶化，但经过近年来的整治和保护，发达国家的环境得到很大改善，发达国家也为此付出了巨大的投资和牺牲；而目前威胁生态环境的污染主要是落后国家的快速工业化造成的，因此让发达国家继续为落后国家造成的污染和环境恶化买单，似乎并不合理。

上述问题和争议，是人类社会在达成零污染行动共识时难以绕开的，也是迫切需要妥善解决的理论与实践问题。为此，不仅需要着眼于与污染相关的历史与现实问题，也需要考虑到与污染相关的未来问题。

发展中国家不应走发达国家走过的先污染后治理的老路；而发达国家也有义务帮助发展中国家摆脱以污染为代价的发展模式。发达国家应充分利用其资金和技术的优势，严格控制污染，或者以零污染的标准帮助发展中国家实现工业化。发达国家这样做，虽然影响了自身发展速度和降低了本国公民福利，但也使全球环境避免了新一轮污染，避免了人类生态环境进一步恶化，归根到底，也是有益于发达国家的。

站在全人类治理污染的角度看，首先应避免在发展中出现新的污染。其次再逐步治理现有的污染。而在现实的世界中，能够使发展中国家既要发展，又要避免污染，借助发达国家的资金、技术是最好的选择。只有这样，才可能避免环境的进一步恶化，才有望顺利启动零污染进程，人类社会才有可能在零污染征途上迈出坚实的第一步。

此外，初始期还会存留着少数的、非主流人群的保守观念，不能或者不完全接受零污染观念的情况。这些情况的存在，或者是由于前期遗留的工作死角；或者是由于极端顽固者的抵御。在思想文化领域扫除这些死角，攻克顽固者的思想堡垒，也是初始阶段的一项艰巨任务。

(2) 在建立了零污染国际性中枢组织的基础上，需要在初始阶段进一步完善其功能和组织结构，使其成为集决策、指挥与协调为一体的机构。组织与指挥协调工作，在推动零污染进程的起步阶段是非常重要的。只有一个素质良好，权威、高效的决策与指挥协调机构，才能担当起启动零污染这一承载着七十亿人福祉的世纪列车的大任。

决策与指挥协调机构，应具有最高的权威性和意志的排他性，在环境保护和零污染推进的问题上，各国、各地政府和非政府组织都应与之保持一致，都应服从其管理和调度。该机构的职能如下：其一，决策。

是指制定全球性的推进零污染进程的规划，包括具体的，各地、各阶段的，以及针对不同类型污染的实施方案，工作进程等。其二，指挥与协调。是指合理调度资源和力量，调整对策，选择和实施最优化战略战术，管控各种可能的分歧和争端，协调各种行为的差异，从而使全人类排除各种文化、经济差异而共同投身于零污染行动；使不同能力、职业、社会地位的人都可以在零污染进程中人尽其才；也使全世界的各政府机构、企事业单位、社会团体、非政府组织，都可以在零污染进程中找到位置，发挥积极作用或者放弃消极影响。其三，监察与处罚。设立覆盖全球无死角的监察网络，密切监视污染新动向，发现违反“零污染”事件或者动向，及时报警和作出反应，必要时启动强制性措施或者处罚功能。

(3) 启动零污染进程，需要在行为领域开展如下几个方面工作：

首先，巩固行动。即继续巩固前期治污成果，扫除死角，杜绝扩大或者反弹。特别是在落后国家和地区，与发达国家和地区的治污相比还存在差距，包括资金投入和监管力度都会有一定缺失，人类社会零污染进程不能因此拖了后腿。为此就有必要由国际社会集中一定财力、物力，重点进行整治，使之尽快与世界进程同步。巩固行动另一项重大任务就是堵塞各种治污措施和监管漏洞，严格控制新污染出现，为新一轮治污行动奠定基础。

其次，紧缩行动。即在此基础上，制定更为严格的治污措施，“三废”排放标准，并使之常态化。紧缩并不是一下缩到零污染，而是在社会生产和生活可以承受情况下采取的，比之前更严格的治理措施，更低的排污标准。紧缩行动可以根据社会承受情况，采取多次行动，或者根据治污资金和能力，分类、分地区进行。紧缩行动应与巩固行动紧密配合，每次紧缩之后，就要随之巩固紧缩成果，并使之常态化。这一阶段经常的模式就是“紧缩—巩固—常态化”，“再紧缩—再巩固—再常态化”，依此反复进行。

考虑到国际社会发展不平衡的现状，紧缩行动分类和分地区实施也是必要的。实施中要允许有差异，根据污染物质类别和不同地区采取差异化的推进策略。

其三，替代行动。即积极研发新的，更低污染的或者零污染的生产工艺和产品，用以替代现代生产、生活中相对高污染的或者以污染为代价的生产工艺或者产品。

替代行动也是一个渐进过程，同时也依赖于科学技术的发达和资金实力的投入。替代行动在初始期的实施应相对保守一些，力求建立在稳妥基础之上，由小规模到大规模，在取得经验基础上逐步展开。

二、 高速驱动的成长期

成长期是指零污染高速推进期。这一时期大约需要 50 年时间。在这一时期，零污染思想观念已经高度统一，成为了人类社会的共同意志；组织指挥机构已经相当完善、高效，具有强大的决策、指挥与执行能力；行动进入高速、稳定增长的快车道。虽然从理论上讲，经过准备和初始期卓有成效的工作，零污染进程中所有可能的障碍和阻力在理论上都被排除了，但这并不意味着零污染航船就可以从此一帆风顺到达终点。这是因为：其一，人类社会几千年来形成的民族、宗教观念，以及现存的国家政治制度，国际社会规范，都有极大的惯性，会对零污染观念和行动产生这样那样的冲突或摩擦。其二，世界各国各地区经济与科学技术发展不平衡还会长期存在，这种不平衡也会在成长期影响零污染进程，制约其发展。其三，人类社会还会不可避免地出现新问题，产生新矛盾和障碍，也可能会出现新的污染危机，有些甚至是目前人们的知识和能力所不能预见的。为此，就有必要对零污染成长期问题与社会矛盾作一个客观评估和预测，并设计若干应对预案，包括对不可预测事件的应对准备。

1. 安全保障

零污染进程是与世界各国现存政治制度、民族、宗教、文化观念并存的。虽然这些制度与观念在零污染准备期、初始期有所改变，但零污染并不是以消除或者改变上述为前提的，而是寻求与上述的和谐和共存。由于与零污染和谐共处的原因，也会促使上述制度和观念相互交流和包容。特别是由于政治、宗教原因导致的冲突和战争，期望会由于零污染原因而有所缓解，或者走向消除。

在零污染准备和初始期，虽然可以通过人类和平意识增进，促使世界各种矛盾和冲突“软化”，但仍不足以消除当今世界的各种危机和裂痕。及至零污染的成长期间，对可能影响零污染危机的管控仍是这一时期的重要任务，也是与零污染相辅相成，互为条件的工作。将各种危机的可能性控制在最低限度之下，为零污染进程创造良好的实施环境，是危机管控的目标。而零污染进程每一项成就，都会不同程度对危机管控产生积极影响，这种良性互动关系是我们所期待的。

(1) 对于国家、民族冲突危机的管控。虽然我们还不能预测到 30 年后的 50 年期间内世界上国家间或者民族间的冲突情况，但就现在世界范围内的此类冲突程度看，期望在上述期间彻底解决并不现实。虽然在这期间，因为零污染形成的人类共同意志有助于缓解矛盾；也因为人类智慧和努力沟通达成某种共存的妥协，但仍不足以消除这些冲突产生的根源。虽然管控国家、民族间冲突与危机，并不是零污染组织机构的工作职责，而应由相应的机构来实施，但零污染组织机构可以在各种可能的情况下给予积极支持和配合。

(2) 对于宗教、文化冲突危机的管控。现代国际社会被恐怖主义所困扰。从 21 世纪初向恐怖主义宣战，至今已近十多个年头，恐怖主义非但没有被有效遏制，而是有向世界各国蔓延的趋势。虽然我们自信恐怖主义者对于零污染也会有某种共识，但并不意味着他们在从事恐怖袭击时会刻意保护环境，也不意味着他们会因为零污染进程而放弃攻击。因此，30 年后恐怖主义会对零污染进程产生什么影响，实在是一个最难以预测的情况。然而可以肯定的是：彼时恐怖分子仍有可能以这样那样的形式存在，恐怖主义对于零污染进程的影响也会存在。如果不加以有效管控，必然会影响到零污染进程。鉴于目前宗教冲突与恐怖行为已经突破国界，极端主义思想通过互联网渠道传播蔓延，因此未来对此管控也可能需要包括思想文化等多种手段并用。同理，零污染思想观念可能会在某种程度影响或者“软化”宗教极端思想，有助于对此的管控，但也不能期望会起到决定性作用。对待诸如宗教、文化的冲突与危机，还更主要的是发挥宗教、文化本身的正能量作用。

由此可见，无论是对于政治危机的管控，还是对于宗教危机的管控，都是零污染成长期的重要工作，其效力会直接影响到零污染进程的速度乃至成败。对这些危机的管控，是能否保障零污染顺利渡过成长期的外部条件之一。管控与零污染呈正增长关系，二者相得益彰。

2. 两组驱动车轮

如果把成长期零污染进程比作行进的高铁列车的话，那么对于各种政治、宗教危机的管控是对其行驶轨道的安全保障；而经济与科学技术则是两组驱动的车轮。

(1) 经济驱动力。

俗话说"兵马未动，粮草先行"，零污染经济驱动力，就是指零污染所需的财力支持。所以把该财力支持称作经济驱动力，就是因为财力支持与零污染推进速度成正比例关系，就像踩油门与汽车的行进速度一样，油门越大，汽车的行进速度越快。如果要保证零污染按照预期进程稳定前进，就需要有雄厚和连绵不断的财力支持。

如果说在准备期和初始期零污染进程的财力支持主要依靠收取排污费、超排罚款、环境资源税以及社会捐赠的话，那么到了成长期，有些费用来源就会因环境优化而减少或者消除。而在此期间对零污染财务支持应更为加强而不是削弱。为解决这一问题，就需要开辟新的财源渠道。这些渠道应该包括官方、民间和商业化三个方面：其一，官方。即国际社会，各国、各地区政府与政府机构。官方应加大筹资力度，增大零污染的投资。在国际层面，需要发达国家承担更多的经费，以帮助和支持发展中国家或者投资一些重要零污染项目的建设。其二，民间。通过非政府组织、零污染组织机构、宗教团体和各种职能的基金会（这些基金会可能在准备期就建立或运作起来了），挖掘和开通更多的民间捐赠和资助渠道，将对零污染的捐赠推崇为首善之举，使社会捐赠的潜力得到充分的挖掘。其三，通过零污染企业的商业化运作使其增值，促使零污染产业在市场经济中自立自强。

考虑到成长期各国各地区发展的不平衡，零污染组织机构对于经费的分配应更注重对这种不平衡的协调，应向不发达国家和地区的落后方面倾斜。对于发达国家和地区，鼓励它们用自己的财力物力解决问题。

(2) 科学技术驱动力。

现代科学技术发展，有如一把双刃剑，许多人把污染原因归咎于此，其实是不公平的。但凡是人类的创造物，都有为利为害的两重性，关键是创造者的人类如何趋利避害。人类过去的错误（也许初期并未意识到）在于只追求科学技术带来的利好，而没有防止其为害，以至于人类又回过头花钱费时借助科学技术治理污染。人类零污染进程，是在人类充分认识到发展科学技术与杜绝污染关系基础上的正确选择，也是人类走过数百年弯路之后的理智回归。人类零污染进程，同时也是一个借助于科学技术完成的事业。利用现代科学技术推进零污染进程，是人类从准备期就开始的既定方针，科学技术在准备期、初始期已经发挥了巨大作用。进入成长期，科学技术的重要性更加显现，成为了与经济驱动力并驾的零污染推动力。

在成长期，科学技术已经羽翼丰满了，借助互联网、信息化、自动化，逐步发展成一个大数据、大系统的庞大科学技术王国了。在 30 年后的另外半个世纪中，科学技术发展进度更是我们不敢想象的，现今难以解决的许多零污染难题，在未来也许会像科幻小说中那样被轻而易举地化解。困扰人类的能源方面的污染（碳排放）以及风险（核事故污染），在这一期间会被清洁、无污染风险的能源替代；移动动力设备终究将摆脱有线、热力发动机或者自携沉重储能设备的羁绊；分子合成技术将使传统的冶金、建材、化学生产和化学产品退出历史舞台；3D 打印技术也将使传统装备制造、建筑行业衰退……总之，借助科学技术，在成长期最终实现的目标是：人类社会一切生产、生活活动都在零污染条件下进行。

支持现代科学技术发展的是人才和资金。通过社会制度优化和分配体制倾斜政策，可望通过鼓励创新、商业化运作，在较少资金投入的情况下，激励科学技术王国的自我复制机能，完成科学人才的培养和传承以及所需资金的积累。

3. 新问题解决

成长期也不可避免会出现新问题、面临新挑战。由于在前面已经系统讨论了政治、宗教方面的冲突以及危机管控，这里所研讨的新问题将不再涉及。

(1) 新污染出现或者被发现。

随着科学技术发展，成长期会有许多新材料、新能源、新生产工艺或者新生活资料问世，这些东西无疑是符合现行零污染标准的。但不可否认的是，某种新产品的出现与大量应用，肯定会打破地球上原有的物质平衡，这种失衡究竟会对地球生态环境产生或者潜在产生什么影响？是否会对人类社会也产生消极影响或者危害？这些问题不仅现在没有答案，也是新产品出现初期人们不能预见的。对此人类应吸取工业化时期的教训，不能再走先污染再治理的老路，而应有相应的预案和预警机制，有严格的治理与管制措施，既要保障新产品不会“带病出生”；又要预防其出生后“感染疾病”。此外，还应对于地球物质失衡给予干预。

随着人类生活质量提高，某些产品应用的深度开发以及科学技术的发达，人们可能还会发现过去零污染某些产品的某些潜在污染，或者浮出水面，或者还在潜伏期。对此人类应该有正确认识：某些美好事物背面未必都是完美无瑕的，或许还潜藏着不为人知的危害因素，零污染产品也会如此。人类在选择使用某种零污染产品之初，就应做好精神与物质准备，一旦问题出现，就能通过危机处理预案和机制解决。

(2) 太空垃圾与航天管理。

成长期的航天活动应该是全部改用了清洁燃料，然而随着未来航天活动的频繁，将会耗费巨大的能量，这些是否会打破地球生态某种平衡或者会产生新污染，对此人类社会也应有应对准备。

航天活动的频繁，必然会产生数量庞大的太空垃圾，这些垃圾早晚会对人类生活产生影响或者危害。应对太空垃圾污染，也是零污染成长期人类面临的另一个新问题。人类未来的航天活动，可能还要包括太空清污的内容。在清除太空垃圾的同时，还要制定新航天规范，即太空垃圾“零遗弃”，设定航天机构的太空垃圾回收责任。同时还要使各航天行为所在国家和地区，承担将航天所产生太空垃圾回收的监督和处置责任。

(3) 保护南极“清白”。

南极作为最后一块未受污染净土，近年频繁受到“科学考察”、探险、旅游等活动侵扰，更有一些国家觊觎其领土。加之因温室效应、臭氧层破坏致使南极冰盖加速融化，南极“清白”将难保。

未来的成长期即使阻止了碳排放，但之前所产生的大气失衡还会有相当长的惯性。加之人类越趋频繁的南极活动，会对南极产生严重的污染威胁。因此，人类在未来应对南极采取更为严格的保护措施。包括禁止南极的一切人类活动，限制南极附近海域的人类活动，使南极真正成为一方净土。

(4) 深海环境保护。

深海是人类在地球上了解最为缺乏的领域，也是人类许多种类污染的“盲区”。人类在未来或将有对于深海资源大力开发，那么随之而来的就是保证深海开发零污染问题。深海的某些区域是否也应向南极那样设定为禁区，禁止人类的开发和活动？这也是一个值得探讨的问题。但无论如何，人类在向深海进军时，应在零污染的先决条件下制定开发计划，实施开发行动。

三、 完美收官在完成期

完成期是指零污染收尾、巩固期。这一时期约需要 20 年时间。从理论上看，经过成长期，人类社会零污染进程已经基本完成了，进入完成期，主要任务已经转移到解决遗留问题，巩固已有成果以及建设完美人类家园方面。

1. 看看还有什么遗留问题

完成期不可避免还会面临许多遗留问题。这些问题之所以被遗留下来，一定是在成长期难以解决的，或者解决时机不成熟的。解决这些问题，意味着突破某些领域的“瓶颈”，对于巩固零污染成果，具有重大意义。

80年后还会有什么有关零污染方面的难题遗留下来，这虽然是现代社会中人们难以判断的，但这并不是否认其存在可能性的理由。笔者根据现实社会中政治、经济状况分析，认为未来零污染方面的遗留问题，可能会出现在以下两个方面：

(1) 由于政治、宗教原因引起的冲突和战乱，致使冲突地区成为零污染死角，或者造成局部新污染。这一推断的理由是：现代资本主义政治斗争起源于工业革命，无产阶级革命也有一个多世纪，至此意识形态的博弈仍在继续。由此推断，上述政治冲突很可能还会延续到80年后；基督教与伊斯兰教矛盾至少持续了十几个世纪，上述问题在今后80年内是否有望彻底解决，前景并不乐观；国家之间，国际联盟之间，还可能因政治、经济利益的冲突引发争端或者局部冲突。上述争端与冲突，一般情况下可望通过国际社会和零污染组织协调，使之软化或者缓解乃至消除。但对于恐怖主义引起的冲突，缓解的难度就会更大。零污染组织机构还要做好应对这些冲突造成新的污染，或者致使零污染进程受阻的准备。

如果说在零污染进程前两个时期人类社会重点是关注其科学技术和经济方面的治理措施的话，巩固期应将重点放在治理这些遗留下来的，长期困扰人类社会的顽疾方面。只有这样，才有助于最终消除威胁零污染的隐患，同时也达到人类社会的和谐共处。这一阶段的治理已经不是零污染组织机构单独能够承担的，还需要联合世界一切和平力量，集中巨大财力物力，动员最优秀的思想文化，借助政治、经济与文化手段综合治理。

由于此时的治理已经超出零污染的概念范畴，可以称之为零污染的政治、经济与文化综合治理进程。消除这一零污染进程中最后一个顽固堡垒，其意义不仅在于跨越零污染最后一个障碍，也在于帮助人类社会进入和谐与大同。我们也不敢想象 80 年后人们会采用怎样的综合治理措施，但就今天人们普遍的综合治理观念与共识应该是这样的：即以促进零污染进程为宗旨，在政治上倡导对话与合作，消除对立；在经济上大力支援落后国家和地区，消除贫困，改善民生；在宗教文化上加强交流，促进不同思想文化的融合。

(2) 各国、各地区由于经济发展不平衡，科学技术应用水平差异导致在零污染发展进程上的不一致。就像一场马拉松比赛，选手到达终点的时间总会有差距。零污染的进程也与此相似，这是因为各国、各地区环保起点不一样，经济与科学技术推动力不一致，对于零污染认识程度也有差别。零污染组织机构可以大力帮助落后掉队者，但不可能保证所有国家与地区同时到达零污染的终点。由此可见，大力帮助落后国家和地区，这是完成期的另一项要务。完成这一任务，应注意不搞平均主义，一刀切，以免挫伤先进国家和地区的积极性。对于先进国家地区，应鼓励其在零污染完成后巩固其成果，继续向人类完美生活进军。对于尚且落后的国家和地区，给予经济支持上的倾斜，科学技术上的帮助，使其尽早到达零污染的终点。

2. 建设完美人类家园

巩固零污染成果，使之常态化，这是完成期另一项重大任务。俗话说："得天下难，守天下更难"。人类社会经过几代人 80 余年的奋斗，打拼出一个蓝天白云的零污染地球家园，就再也不能容忍其受到任何玷污了。如何坚守住这一方净土，使零污染进入常态化，是一项更为艰难的任务。

同前面消除遗留问题的对策一样，巩固零污染成果，其重点应放在落后国家和地区方面。因为零污染薄弱环节和短板就在此。坚守和加固这一薄弱环节，增高其短板，不仅需要资金和科学技术方面的大力支持，还需要大量的人才投入。

建设完美人类家园，使现代化生活与优美的，无污染的环境和谐统一，是人类社会巩固零污染成果后的必然之举，也是人类所以要推进零污染的终极目的。人类建起了这样完美的家园，再回过头来反观之前的困扰，回顾对于世界末日的恐惧，必然会对过去的幼稚和无知而自嘲，更会对未来充满信心。人类到底成熟了。

本书结语：一个世纪后，人类社会推进零污染进程经过几代人努力，历尽艰辛，终于到达理想的终点。人类凭借自己的智慧和勇气，改正了自己制造的错误，走出了污染无处不在的梦魇，使困扰人类社会数百年的污染成为历史。这标志着人类战胜了自我，走向成熟和完美。但人类也不应由此骄傲和故步自封，而应将此看作是人类历史长河中的一个新起点。人类社会在解脱了污染羁绊后，将厚积薄发，更加理性对待发展和环境的关系。人类将因此团结起来，彼此和谐相处，共同建设美好家园，永远摆脱贫困，消除战争因素，不受疾病困扰，过上安定富裕的生活。人类还将与大自然和睦相处，善待自然，在驾驭高度发达的科学技术的同时，倍加呵护地球的生态环境。

主要参考书目

1.（瑞典）克里斯蒂安·阿扎:《气候挑战解决方案》，杜珩、杜珂译，北京，社会科学文献出版社，2012年。

2. 熊冶廷编著:《环境生物学》，北京，化学工业出版社，2010年。

3. 万秀玲、崔迎主编:《环境化学》，上海，华东理工大学出版社，2013年。

4. 中国水力发电工程学会主编:《和谐治水与绿色水电》，北京，中国电力出版社，2011年。

5. 王金南、毕军主编:《排污交易：实践与创新》，北京，中国环境科学出版社，2009年。

6. 国网能源研究院编著:《2013中国节能节电分析报告》，北京，中国电力出版社，2013年。

7. 吴舜泽、逯元堂、朱建华、陈鹏:《中国环境保护投资研究》，北京，中国环境出版社，2014 年。

8. 舒新前、张蕾、张磊：《煤催化热解制氢技术》，北京，科学出版社，2011 年。

9. 张延青、沈国平、刘志强主编：《清洁生产理论与实践》，北京，化学工业出版社，2012 年。

10. 何一鸣、钱显毅、刘龙春：《可再生能源及其发电技术》，北京，北京交通大学出版社，2013 年。

11. 李润东、可欣主编：《能源与环境概论》，北京，化学工业出版社，2013 年。

12.（美）M. B. 麦克尔罗伊：《能源展望、挑战与机遇》，王聿，郝吉明，鲁玺译，北京，科学出版社，2011 年。

13. 杨金焕主编：《太阳能光伏发电应用技术》（第二版），北京，电子工业出版社，2014 年。

14. 白志鹏、王珺主编：《环境管理学》，北京，化学工业出版社，2012 年。

15. 张淑谦、童忠良编：《化工与新能源材料及应用》，北京，化学工业出版社，2010 年。

16. 陶军、陶占良编著：《能源化学》（第二版），北京，化学工业出版社，2014 年。

17. 崔灵周、王传花、肖继波主编：《环境科学导论》，北京，化学工业出版社，2014 年。

18. 杜翠凤、宋波、蒋仲安编著：《物理污染控制工程》，北京，冶金工业出版社，2010 年。

19. 程迪、罗海棠主编：《农药生产节能减排技术》，北京，化学工业出版社，2009 年。

20. 魏振枢、杨永杰主编:《环境保护概论》，北京，化学工业出版社，2007 年。

21. 张颖、伍钧主编:《土壤污染与防治》，北京，中国林业出版社，2012 年。

22. 邓柏权编著:《聚变堆物理——新构思与新技术》，北京，中国原子能出版社，2013 年。

23. 王秀清编著:《世界核电复兴的里程碑，中国核电发展前沿报告》，北京，科学出版社，2008 年。

24. 张灿勇、马明礼主编，张梅有副主编:《核能及新能源发电技术》，北京，中国电力出版社，2009 年。

25. 蔡世干、王尔菲、李悦编:《石油化工工艺学》，北京，中国石化出版社，2012 年。

26. 黄凤林主编:《碳一化工》，北京，中国石化出版社，2015 年。

27.（法）托马斯·皮凯蒂:《21 世纪资本论》，北京，中信出版社，2014 年。

28.《马克思恩格斯选集》第四卷，北京，人民出版社，1975 年。

29.（英）郝柏特·乔治·威尔斯:《世界简史》，谢凯译，北京，民主与建设出版社，2015 年。

30.（美）休斯顿·史密斯:《人的宗教》，刘安云译，海口，海南出版社，2013 年。

31. 李伟、周立主编，周一执行主编:《从颠覆到创新，互联网＋时代企业转型的经典模式》，北京，中国友谊出版公司，2016 年。

32.（美）海斯·穆恩·韦兰:《全球通史》，北京，红旗出版社，2016 年。

33.（美）比尔·布莱恩:《万物简史》，严维明、陈邕译，北京，接力出版社，2016 年。

34.（以色列）尤瓦尔·赫拉利:《人类简史 从动物到上帝》，林俊宏译，北京，中信出版社，2014年。

35. 洪佩奇、洪叶编著：《圣经故事》旧约篇，南京，译林出版社，2008年。

36. 杜兰特：《哲学的故事》，刘彬译，北京，时事出版社，2016年。

37. 一行禅师：《佛陀之心》，方怡荣译，海口，海南出版社，2010年。

38. 杨宗山：《古兰经故事》，北京，宗教文化出版社，2009年。

39. (美) 爱德华·威尔逊：《知识大融通 21世纪的科学与人文》，梁锦鋆译，北京，中信出版社，2016年。

40. (美) 苏珊·怀斯·鲍尔：《极简科学史 人类探索世界和自我的2500年》，徐彬，王小琛译，北京，中信出版社，2016年。

41. (美) 爱德华·威尔逊：《生命的未来》，杨玉玲译，北京，中信出版社，2016年。

42. 寇华主编：《世界上下五千年》，北京，中国华侨出版社，2013年。

43. (美) 保罗·萨缪尔森、(美) 威廉·诺德豪斯：《经济学》，萧琛主译，北京，人民邮电出版社，2012年。

后记

在本书付梓之际，我感到还有一些问题需要在后记中说明：

(1) 关于本书的书名，是我一直纠结的问题，我曾设想过《零污染宣言》《零污染解决方案》《零污染概论》等，但感到都不贴切。上年末见到了老同学温治学，鉴于他文学方面的造诣和对煤炭与能源的理解，我请他对全书进行审改。他给予本书很好的评价，并建议书名为《零污染之路》，我听后茅塞顿开，太合适了，于是立即决定采用它。

(2) 关于本书的序言，我也请温治学为我撰写，他多次推脱，建议请名家，但经不住我热烈请求终于“就范”。我的理由是：治学文学功底深厚，是本书第一读者，也是据我所知全面理解和支持零污染观的第一人，况且他又是本书书名的原创人。撰写序言，非他莫属。我感到只有请他捉刀，才会赋予本书以画龙点睛之神韵，而事实果然如我所料。

(3) 以下是诸多的感谢。这也是传统的著作后记所要履行的，而我的感谢是发自内心的、真诚的。

首先感谢的是本书所列众多参考书目的作者们，可以说，他们都是我的授业老师，本书不仅引用了他们的研究成果和丰富资料，也深受他们思想的影响，这些都是奠定了我形成零污染理念的基础。

其次感谢的是百度网和其他相关网站，为我提供了非常便捷的查询资料、信息的工具。特别是“百度资料”“百度百科”“百度知道”“百度论坛”“百度文库”“百度经典”等栏目，简直就是随时翻阅的百科全书，使我尽享了互联网的乐趣。

再次要感谢的是清华大学出版社的朱玉霞博士，她不但亲自担任本书的责任编辑，还在初步审查后提出了许多宝贵的修改建议，包括行文、体例，如何增强可读性等。在她的建议下，我又对本书进行了全面的修改。玉霞博士的建议使本书得以锦上添花。

又次要感谢的是我在最高人民检察院理论研究所的同事季美君博士，她在繁忙的研究任务中抽出宝贵的时间为我翻译了本书的目录、序言和前言部分。美君博士具有很深的英语造诣，曾在多次国际会议上担任同传翻译。有了她精准的翻译，使本书更便于为国际社会所了解。

最后要感谢本书的读者们，正是由于你们使本书广为人知，使零污染的观念为众所理解。你们是作者的上帝，也是送给世界零污染礼物的天使，世界将因你们而改变。

Prologue

I'm very grateful to Dr. Liu Shengrong for sharing his cherished manuscript of "The Road to Zero Pollution" with me. Frankly speaking, at first, I didn't pay enough attention to this book with more than 200, 000 words. I wondered why a successful law expert has written a book on a subject which he knows little about. This seems to be committing the academic "cardinal sin," — just like Prometheus, who had a sacred ideal and objective, but the result backfired on him.

After reading this manuscript, I couldn't

help but be fascinated with it and read it again and again. The author's sincere devotion and unique exploration are apparent, which makes for a comfortable reading experience.

I have lived and worked in the coal enterprise at all levels for a long time. The coal enterprise and its employees, a family in the traditional sense, I may say, are not only makers who produce environmental problems, but also direct victims. The greenhouse effect on the Earth, the diffusion of carbon dioxide, sulfur dioxide and all kinds of dust as well as harmful gases, the various diseases closely related with them—clearly, all of these are directly related to the coal that is called "fossil energy." Within this circle, how many lives have been crippled or lost due to these harms, which has deeply saddened those people who work in this business. It has been on mankind's conscience the whole time! Therefore, the environmental issue is not just something related to one field, and cannot be solved by just one group of people. It really involves lots of fields, such as traditional history and culture, ethics, and crosses national boundaries, clans and races as well as religious beliefs, among others. Just like what Dr. Liu said: It is the obligation of everyone, every family, every nation, every state in the world to get rid of pollution and share the responsibility of zero pollution. In this case, let's do it now! For a mouthful of fresh air, for a drop of clean water, for a handful of fragrant soil, for a meal without guilt, for the health of all the elderly, for the happiness of our brothers and sisters, for the calm of our future generations, for this blue planet: We have to act immediately! Otherwise, mankind, which controls the Earth, will be destroyed by the "civilization" it created some day. This is the message conveyed to me after reading this book, which is also the message Dr. Liu wants to convey in this book and it is the most important without any doubt.

Though the road to zero pollution is very long, after all, it is the only road that mankind can take towards the future. The significance of Dr. Liu's book dispels any doubt, and his views and ideas will be recognized by more and more people. In this sense, this book is a clear call to action for mankind. From this book, the readers may find a key to open the gate to the future, a harmonious future in which mankind and the Earth's environment will interact peacefully. In addition, the readers may also be stimulated to reflect and review on the development concept of civilization and the morals of mankind.

In ancient China, there was a well-known historian called Shi Maqian who said: "All people in the world are busy running after profit and they are also confused by running after profit." Mankind's history, actually, is a history of pursuing and struggling for profit. In remotc times, the tribes fought each other for living space in order to survive; in ancient and modern times, all nations struggled for territory, population, wealth and dominion or chaos and wars among states; in contemporary times, there are wars or games for profit, faith and political ideas. From ancient times to the present, all these disputes, struggles and wars definitely originated from profit conflicts among people, classes and groups, clans and races or nations. That is to say, mankind hasn't found a common interest so far. The greatest value of Dr. Liu's book is to find a common interest for mankind with zero pollution. A common interest related to the happiness and safety of the Earth's ecological environment, therefore, exceeds in importance any profit of any state, nation and race as well as any social organization. Faced with this common interest of mankind, any other profit or conflict within human society is not even worth mentioning.

Another important value of Dr. Liu's book lies in its detailed discussion on the feasibility of realizing zero pollution. Although it is a little difficult for a juris doctor to do it, his discussion has already fully convinced me. By reading this book, I've learned that the concept of zero pollution is not a "daydream" anymore; on the contrary, it is a feasible goal for mankind to realize with the help of scientific technology and the right economic conditions. Because it is a long journey from generating ideas to actually realizing them, mankind may experience a variety of hardships and complications in the process. But just as what Dr. Liu says in his book, there is hope to solve such issues only after ideas are put forward. In the eyes of a specialist, his analysis may appear to be only a rough outline or a framework, and may lack accuracy and depth. However, to be honest, we shouldn't make excessive demands on a small book if we wish to analyze environmental protection issues and pollution in their entirety as well as in detail. Any issue and view that this book puts forward can be regarded as a specialized subject which is worth studying if one has the mind to do so and is interested in it.

To be sure, with my knowledge and experiences, it is impossible for me to accurately evaluate this book. I pay more attention to the idea of environmental protection running through the book, the struggle for zero pollution put forward justly and reasonably, even the timetable given to solve global environmental pollution completely in one hundred years—all of these which show the author's foresight and visions. From the concept of time and space, a century is not so long but not so short, which exactly corresponds to the grand vision of the "two one hundred years" for the Chinese nation to realize its great cause of rejuvenation.

Dr. Liu is my friend and a senior classmate of my childhood. He was once the team leader of a village, an English teacher in a middle school, a lecturer at the Law School of a university and a mid-level leader and professor of the Supreme People's Procuratorate. After retirement, he has been working in the legal service. He has rich life and work experience as well as knowledge. Dr. Liu was one of the first doctors of criminal law of Peking University. Criminal law is the last line of defense to regulate the whole society and the trade order, so he has a special and comprehensive view when looking at society. Dr. Liu has been a considerable success in his major of criminal jurisprudence. Besides authoring more than one hundred papers and books as a monographer or co-author, he has enjoyed the special allowance of the State Council of the PRC and gained the "Five Engineering Awards" granted by the Propaganda Department of the Central Committee of the CPC, all of which provide him with a sound basis to write this book. Actually, I even believe he is the only one who can put forward an epoch-making idea of zero pollution, and who can dare to discuss such an interdisciplinary topic with special knowledge and do it well. I can't imagine another expert or scholar who could do it with the same amount of expertise. Such an evaluation may sound a little biased; however, as a contemporary and a friend, we can be said to engage in mutual appreciation. He submitted his manuscript to me, which shows a profound feeling of trust. I fully understand the intention of his book, which is "to write a book which the common people can read, to do some research which others have never done." The intention is simple, but the topic is great.

I sincerely hope the book will be a great success.

Wen Zhixue

Feb. 1, 2017

(Wen Zhixue, an experienced expert of coal, a well-known writer, he was once the vice president of China Writers Association of Coal and held the main leading position in China Shenghua Middle -level Energy Group for a long time.)

About This Book

To write a book which the common
people can read,
To do some research which others have
never done.

In 2000, when I was a visiting scholar at New York University, one day while chatting with a friend about my research, suddenly, she asked: "Among those books you have written, how many of them are for the common people?" Such a question took me by surprise and has kept me occupied for many years.

Up until 2011, I was preoccupied with the idea to write a book for the common people on "zero pollution." After working hard for several months, I basically made some issues clear, such as the concept of zero pollution and the necessity of a consistent common interest for mankind. However, I was puzzled about its feasibility. So I had to stop writing and begin to familiarize myself with topics such as conservation and environmental science, energy science, chemistry, physics, economics as well as international politics, religions and cultures. That is to say, I am selling something immediately that I've just learned. I've done my research for five years, now I feel I am ready for the next step, or as the Chinese saying goes, "the ugly bride has to meet her parents-in-law." Just as Lao Zi (the author of Canon of Morality) said: "The one who understands himself is a sensible Solomon." I know well that I'm only a "layman" in the field of environmental science and most other fields discussed in this book. Lots of aspects of my research still lack strict and scientific demonstration. Therefore, I hope this book will play a role of throwing a minnow in order to catch a whale.

With the original intention of writing this book for the common people, I insist on explaining those complex subjects using simple language and popular words so that the concept of zero pollution mentioned in this book can get as much consensus as possible. Though I enjoy my life as a retireee without any utilitarian motives, I've always been thinking about doing something for my country and human beings in the world, and to put my thoughts, experiences and sensibility accumulated for many years down on paper. Therefore, I set myself the goal of doing some research that others have never done. Both the words and the content of my research are the fruits of my original intention.

The concept of zero pollution and the social project of one hundred years put forward in this book are based on research on the present situation of pollution, the consensus of human interest, the feasibility and finally the progress of zero pollution, which includes the following nine aspects: the mention of zero pollution; the history and present situation of pollution; the feasibility of zero discharge of greenhouse gases; the feasibility of zero pollution of chemical substances; the feasibility of zero harm of physical pollution; analysis of the human ability to promote zero pollution in an economy; analysis of the political environment for advancing zero pollution by mankind; analysis of the religious and cultural environment for carrying out zero pollution by mankind and the roadmap to realize zero pollution.

The main issues I put forward and try to solve in this book are as follows:

1. View of zero pollution. In facing pollution which may eliminate mankind and the need to secure a good future for mankind, it is necessary to put forward a solution for zero pollution. Zero

pollution not only accords with the common interest of human society, bus also will be consistent with the need of creating an ecological balance for the Earth. The establishment of the view of zero pollution means reviewing and perhaps correcting the concept of human civilization and its development since the dawn of mankind. Whether my view of zero pollution will be widely accepted by human society or not, the most important thing is that the common people can realize its feasibility, which includes the following aspects: Can the level of scientific technology achieve this? Can the economy afford it? Can the common people accept the price to be paid? Can political, religious and cultural conditions permit it?

2. Feasibility of zero discharge of greenhouse gases. The use of fossil energy as fuel not only results in the greenhouse effect, but also is a huge waste of its economic value. In order to realize zero pollution by greenhouse gases, some measures need to be taken, such as developing alternative sources of energy, e. g. vigorously developing hydrogen energy and so on, which will avoid any discharge of greenhouse gases. The appearance of graphene will help to promote the realization of zero pollution and the development of many scientific fields.

The key point to develop hydrogen energy is to produce hydrogen, for which several new ways are introduced in this book: (1) Using wind and solar power, faraway small hydropower, which can eliminate the problems of instability when it comes to the above ways to produce electricity and possible negative effects on the electricity grid during long-distance transportation, and can also get a considerable amount of hydrogen energy. (2) Producing hydrogen by hydroelectric stations in flood discharge; if we convert the flood discharge of all hydroelectric stations in the world into producing electricity and hydrogen, it will become an enormous energy treasure house. (3) Producing hydrogen by using the leftover heat of nuclear power; especially when using nuclear fusion to produce hydroelectricity, there is a great deal of leftover heat to be dealt with, it would be a huge boon to produce hydrogen by using such heat.

3. The process of zero pollution of chemical substances means a complete reform in each field of production and life of mankind, which will integrate all achievements of scientific technology. There are several solutions proposed in this book on the basis of modern scientific technology and developing trends: (1) Zonation of industrial production, three wastes won't go out of the zone, the products of one zone won't result in any pollution; (2) Factory farming and animal husbandry production should avoid any food pollution, save lots of fresh water, avoid fertilizers and pesticides and reduce the land for farming and animal husbandry by including vegetable cultivation, animal breeding as well as food production into factory production step by step; (3) Revolution of medical science and life science means

medicine should help people avoid illness, get rid of chemical medicines and create some frontier science, such as cytotherapy, gene therapy, molecular robotic surgery and cloning technology; (4) Revolution of the living environment for mankind and raw materials industry; (5) By using a great deal of land saved by factory farming and animal husbandry production, we may plan living zones for mankind, natural regions without humans and middle regions, and manage to re-balance those ecological zones and repair those ecological environments of the Earth that are damaged in order to restore them to their pristine state as much as possible.

4. Owing to the characteristics of direct harm of physical pollution, the counter approaches for mankind are to isolate, protect, evade or to substitute, prohibit and restrict such harm. Electromagnetic radiation may pose serious physical pollution that mankind has not fully understood yet, so mankind should be vigilant and be prepared to prevent its use.

5. The process of zero pollution will cost a great deal of money, but mankind can meet such a requirement by optimizing and integrating the present comprehensive economic ability and using it reasonably. The governments, non-governmental organizations and international society should join forces to support and put an economy of zero pollution into commercial operation and make it the subject of the market economy; thus it will have the ability to duplicate itself and

develop. The economy of zero pollution and Internet economy complement each other well and should interact in a benign manner.

6. Zero pollution should become the common responsibility and obligation of every country in the world. The different political institutions themselves don't pose any obstacles to zero pollution. Good cooperation and necessary compromises among countries with different political institutions are promoting conditions for zero pollution. Mankind should create an international political order in a friendly environment by reducing those political and military collisions.

7. The century project of zero pollution should include three periods: the preparation and initial period, the growth period and the completion period, which will create a beautiful human homeland with modern conveniences and without any pollution in the course of one hundred years.

Pollution knows no national boundaries and doesn't differentiate between clans and races. Zero pollution accords with the common interest of mankind. So it is necessary for all human beings to participate in realizing the century project of zero pollution. Whatever one's race or nationality, regardless of whether one is rich or poor, everyone in the world should assume the obligation to protect the living environment of mankind. Regardless of whether a country is large or small, regardless of the governments or the non-governmental organizations, all organizations and institutions in the world should be responsible for realizing zero pollution.

The realization of zero pollution in one hundred years will eliminate the pollution that has dogged mankind a thing of the past, which sets the symbol that mankind overcome themselves and walk to become mature and perfect. After slipping the leash of pollution, mankind may treat the relationship between development and the environment more rationally and live amicably with nature. While controlling its highly developed scientific technology, mankind will cherish the environment of the Earth; mankind will interact with each other harmoniously in order to establish a wonderful homeland, shake off poverty forever, remove factors that create war and won't suffer from illnesses. Finally, mankind will enjoy a rich, stable and harmonious life.

Zero pollution and related issues discussed in this book are rather new fields on which others have done little or no research at all, so I have tried my best to study them. However, due to my limited knowledge or gaps in modern scientific technology, the reasons for part of my proposals are insufficient or the content of my research is not deep enough. My book merely raises many issues of various kinds, and my research on them is just like a dragonfly skimming the water. Yet I absolutely believe that if these issues are brought forward, there will be hope to solve them some day. There have been plenty of cases of difficult problems in scientific technology or even just some conjectures in human history, which have finally been solved by the endeavors of several generations. As to my research, compared with solutions to those issues, I prefer to consider this book as the beginning of what may become a hot issue that will attract the attention of people both in China and abroad as well as impel a growing number of experts and scholars to conduct research on this issue.

Author: Liu Shengrong

Dec. 26, 2016

Table of Contents

Chapter 3 Zero discharge of greenhouse gases

3. 1 What has been done by international society?

3. 1. 1 The environmental conference of mankind

3. 1. 2 The world climate conference

3. 1. 3 The committee of climate change among the governments

3. 1. 4 United Nations Convention on Climate Change

3. 1. 5 The Kyoto Protocol

3. 1. 6 The Paris Agreement

3. 1. 7 Achievements in the past years

3. 2 Throwing the helve after the hatchet

3. 2. 1 Oil and the ten brothers of the carbon family

3. 2. 2 Natural gas

3. 2. 3 The industry chain of coal

3. 2. 4 It is not too late to regret

3. 3 Fossil energy is not free

3. 3. 1 The energy usage of producing fossil energy

3. 3. 2 The production risk of fossil energy

3. 4 The terminator of fossil energy

3. 4. 1 Nuclear power walking out from the war's shadow

3. 4. 2 Solar energy shining on everything